景迈山建筑文化

刘 朦 李志农 著

本成果由普洱市文化和旅游局、教育部重点研究基地云南大学
西南边疆少数民族研究中心统筹策划
学术成果归普洱市文化和旅游局、云南大学民族学与社会学学院
共有

 科学出版社　五洲传播出版社

图书在版编目（CIP）数据

景迈山建筑文化／刘朦，李志农著．—北京：五洲传播出版社：科学出版社，2022.5
ISBN 978-7-5085-4822-7

Ⅰ．①景…　Ⅱ．①刘…　②李…　Ⅲ．①少数民族－民族建筑－建筑文化－普洱 Ⅳ．① TU-092.974.3

中国版本图书馆 CIP 数据核字（2022）第 074654 号

景迈山建筑文化

著　者：	刘　朦　李志农
出 版 人：	关　宏
责任编辑：	王　玮
装帧设计：	北京金舵手世纪图文设计有限公司
出　版：	科学出版社　五洲传播出版社
发　行：	五洲传播出版社
地　址：	北京市海淀区北三环中路 31 号生产力大楼 B 座 6 层
邮　编：	100088
电　话：	010-82005927，010-82007837
网　址：	ww.cicc.org.cn　www.thatsbooks.com
承　印：	中煤（北京）印务有限公司
版　次：	2022 年 5 月第 1 版第 1 次印刷
开　本：	787 毫米 × 1092 毫米　1/16
印　张：	12.25
字　数：	274 千字
定　价：	98.00 元

在多山的云南，与梅里雪山、高黎贡山、玉龙雪山等相比，位于普洱市澜沧拉祜族自治县（简称"澜沧县"）的景迈山不算高也不算大，原本在国内外不太为人所知，但是近年来却声名鹊起。

原因何在？因为景迈山有正在申报世界文化遗产的古茶林，还有淳朴善良的布朗族、傣族、佤族、哈尼族等少数民族。

2021年新年伊始，我与云南大学的老朋友李志农教授电话交谈时，她说刘朦博士和她已经完成了一部关于景迈山建筑文化的书稿，希望我来作序。说实话，我既意外，又感到有点为难，因为我对建筑学缺乏研究，所以就在电话中婉辞，但李教授执意坚持，好在我几十年间走访了云南众多的山川和村寨，对云南各民族民居比较熟悉，因此我就欣然为之了。

说起米，我也是本书写作的一个见证者。

记得2019年的2月，春寒料峭，我与李志农教授、刘朦博士等一起在澜沧景迈山的芒埂、糯岗、翁基、芒景、老酒房等村寨搞调研，一起在布朗族茶农家吃农家饭，一起品尝景迈山茶农冲泡的普洱茶，见证了她们是如何不辞辛苦地做乡村田野调查工作。

我是做记者的，从事新闻采访工作数十年。在我看来，做记者，成天待在办公室是写不出好的新闻稿的，要写出鲜活的好新闻，必须到现场、到一线，到乡村、到田野做采访调查。我完全能够理解李志农教授团队进行田野调查的必要性、重要性和艰苦性，因为在经常走访少数民族村寨这一方面，我们非常相似，或者说是完全一致的，确实需要脚力、眼力、脑力、笔力合一。

20世纪著名的匈牙利裔美籍战地摄影记者罗伯特·卡帕曾说过一句名言：如果你的照片拍得不够好，那是因为你离炮火不够近！

作为云南大学民族学与社会学学院副院长的李志农教授，长期致力于边疆民族问题的研究，成果丰硕。她经常带领团队成员翻山越岭，足迹遍布云南、四川、青海、西藏等地的少数民族村寨，将课堂设在乡村里，把论文写在大地上，结合国家与社会的需求做学问，仅凭这一点，就令人敬佩。

云南有着25个世居少数民族，在五彩斑斓的服饰之外最具吸引力的莫过于那些少数民族的独特建筑，它们也是构成云南多民族文化的一个重要组成部分，如傣族的竹楼、白族的三坊一照壁、藏族的平顶碉式建筑、彝族的土掌房等。它们植根于云南这块沃土，具有鲜明的地域性和民族特色。

以往谈及建筑，大家津津乐道的是明清故宫、古希腊罗马建筑和著名的哥特式建筑。然而，我认为，中国的少数民族建筑，尤其是云南少数民族干栏式民居建筑理应在人类建筑史上占有一席之地。同样，与现代工业化、商业化建筑不同，也与那些今天占据了主流的城市居民火柴盒式标准楼房完全不一样，景迈山的少数民族民居可谓是深藏的"世外桃源"，充满了泥土与草木的芳香，散发着自然质朴之美。

由于地处封闭、边远的深山老林中，景迈山的社会发展一度极为缓慢，受外来文化侵袭较少，村民们世代承袭、就地取材、因陋就简，以居住地附近山林中的木材、竹子、茅草、泥土、石头等建造了与山地环境和谐共存的住屋，时至今日，仍比较完好地保留了带有诸多传统印记的干栏式建筑。尤为珍贵的是，景迈山的布朗族、傣族等少数民族民居建筑，外有佛寺、寨心、寨门，内有对生存、成长极为重要的火塘、神柱等，是他们的家庭史、家族史、民族史、宗教史及社会发展史的鲜活记录，使得今天我们能够很直观地认识、研究中国相关少数民族的诞生、繁衍与发展过程，从中追寻人类社会的足迹。

细读书稿，我有这样几点突出的感受。

第一，这是一部填补景迈山传统建筑研究空白的文化人类学著作。李志农教授和刘朦博士研究的主攻方向是少数民族问题，这部书写的又是云南少数民族的民居建筑。虽然这些年网络、报刊上时有介绍景迈山的文章，但是专门研究景迈山民居建筑的专著还不多见，本书正好弥补了这一短板。

20 世纪 90 年代，当我作为《人民日报》的记者第一次到云南西双版纳时，就被那里的傣家竹楼深深地震撼，那种干栏式建筑散发出的美，令我为之倾倒，以至于我后来忍不住写了一篇专门介绍云南少数民族民居建筑的文章。这些少数民族民居建筑，特别是滇南地区的干栏式建筑，掩映在茂密的森林之中，依山而建、层层叠叠、错落有致，甚是壮观，完全不同于我从小生活的北方的四合院砖瓦建筑。这种干栏式建筑具有鲜明的特征，与其所在的丛林山地环境极其协调，甚至到 21 世纪初都还保留着其原始的古朴状态，看起来是那样美丽和自然，堪称云南中国少数民族建筑的博物馆。

遗憾的是，近几年来，在普洱茶畅销国内茶叶市场后，许多外乡人来到景迈山，把目光更多投射在茶叶或者是少数民族服饰上，没有看到默默伫立在那儿的少数民族建筑，对这些位于深山老林、长期与内地中原相隔绝、不为世人所知的少数民族建筑的历史文化几乎茫然不知，本书无疑向人们展现了一幅生动的景迈山少数民族建筑画卷。

第二，本书的研究视角是多维度的。普洱景迈山古茶林文化景观申遗保护区涉及澜沧县惠民镇下辖的景迈、芒景、芒云 3 个行政村。申遗核心区内有 10 个村寨，居民以布朗族、傣族为主，至今仍保留着语言、民俗、节庆、宗教、祭祀等传统民族文化。景迈山海拔较高、森林茂密、气候凉爽，而且雨量充足，地表很容易积水，防虫蛇及野兽、防水、防地面瘴气就成了当地村民需要面对的主要问题，于是布朗族、傣族人民创造了干栏式的竹木楼，智慧而轻易地解决了这一问题。

本着从生存现实出发的初衷，本书作者没有单纯地就民族说民族，也没有单纯地就建筑说建筑，而是通过民用建筑到佛教建筑的视角，着眼于布朗族、傣族等少数民族的历史文化，即从生态、民族、宗教等角度，全方位、立体化地来观照景迈山少数民族建筑的发展变化。

　　第三，图文并茂。常言道：一图胜千言。当今社会，随着生活节奏的快速化、碎片化，已经进入一个人人喜欢的"读图时代"。本书作者采用了大量精美的图片，对景迈山的少数民族建筑进行了真实的解读与立体化呈现，既有作者在各村寨田野调查时拍摄的现场图片，也有地形地貌等示意图，因而也更直观地表达了景迈山少数民族文化的多样性和建筑的生动性，使读者仿佛身临其境。

　　第四，流畅的文字表达。虽然许多人爱说"大道至简"，但现在国内学术界却存在着一种非常不好的风气：在著作或论文中总爱故弄玄虚，用大家难以理解的语言逻辑，或套用西方学者的晦涩、抽象的术语，把简单的事情复杂化，让读者读后莫名其妙，仿佛只有让读者读不懂，才能显示自己的理论水平。我高兴地看到，针对景迈山少数民族建筑中所包含的深刻文化内涵，本书作者多采用大众一看就能理解的话语进行条分缕析，使本书涉及的各专业领域的内容浅显易懂，树立了良好的文风。

　　更值得一提的是，读完本书，更加深了我们保护少数民族传统建筑的危机感和责任感。

　　景迈山的少数民族建筑具有原生性、多元性以及景观独特性等文化特征，体现了布朗族、傣族历史上不同的社会形态和家庭结构。随着现代生活的发展，一些外来民族新型建筑不断冲击着这些土著少数民族的原生建筑，我们在保护少数民族文化的同时，应该充分认识到保护这些民族原生建筑的重要性及紧迫性。

　　在现代化、全球化浪潮快速推进中，在城市楼房文化日渐侵袭少数民族地区传统民居建筑的今天，我们迫切地感受到了抢救正在消失的云南少数民族传统文化的紧迫性。当移动互联网快速传播着国内外发达地区主流建筑文化的时候，它们也在不断冲击并损毁着非主流的云南少数民族脆弱的传统建筑文化。我在西双版纳傣族自治州的老班章、易武，以及临沧市的冰岛老寨考察时，都目睹了那些外来建筑文化是如何摧毁当地少数民族村寨许多原生干栏式建筑的。

　　因此，在新时期探索一条可持续发展的保护少数民族传统民居建筑文化之路，才是今天从事景迈山少数民族民居建筑文化研究及我们阅读本书的意义所在。

任维东

2021年元月

于昆明

前　言

　　景迈山位于云南省西南边陲，隶属于云南省普洱市澜沧县惠民镇，东邻西双版纳勐海县，西邻缅甸，在西双版纳、普洱与缅甸的交界处。居住着布朗族、傣族、佤族、哈尼族、汉族五个民族。景迈山因盛产大叶普洱茶而久负盛名，景迈山古茶林也被称为"千年万亩古茶林"，曾被日本学者称为"茶文化历史博物馆"。

　　景迈山有三古：古茶林、古村落、古建筑。

　　古茶林。景迈山有着整个澜沧县乃至普洱市面积最大的古茶林，占全县古茶林面积的70%。景迈山古茶林具有重大的科学价值、景观价值、文化价值和生产应用价值，是重要的自然遗产和人文遗产，是中国茶文化的历史见证。

　　古村落。景迈山的古村落历史悠久。据史料记载，布朗族先民和傣族先民在公元10世纪至14世纪来到景迈山定居，以种茶为生，相互交流、和谐共处，共同建设着美丽的茶山家园。景迈山有景迈行政村（简称"景迈村"）下辖的景迈大寨、笼蚌寨、南座寨、班改寨、勐本寨、芒埂寨、老酒房寨、糯岗寨和芒景行政村（简称"芒景村"）下辖的芒洪寨、翁基寨、芒景上寨、芒景下寨、翁洼寨、那耐寨共14个村寨，除老酒房寨以外，其余13个村寨均于2013年成为中国第七批全国重点文物保护单位（不含糯岗新寨）。同年，芒景行政村（包括芒景上寨、芒景下寨、芒洪寨、翁基寨、翁洼寨等）和景迈行政村的糯岗老寨被列入《中国传统村落名录》。本书不涉及芒云村。

　　古建筑。景迈山传统建筑面貌真实、完整，体现了当地民族人与自然和谐相处、创造人居环境的高超智慧。景迈山各少数民族传统民居均采用木构干栏式建筑，迄今为止，共经历五代的变化。各少数民族传统民居结构相似，但细节上也有区别。最为显著的是傣族屋檐博风口以黄牛角作为装饰符号，而布朗族则饰以大叶茶"一芽两叶"的符号。

　　古茶林、古村落、古建筑，共同构成以茶为核心的独特文化景观，即使到了今天，仍延续着持久而强大的生命力。

　　2019年1月云南大学民族学与社会学学院李志农教授接受普洱市文化和旅游局的委托，对普洱市景迈山传统建筑进行研究，我很荣幸受到李志农教授的邀请，进入研究团队。课题组自2019年2月至2021年5月，分别对景迈山14个村寨展开了4次田野调查。其中，沙磊、曲化卓乔参与了前期的调研。和淑清、李江南、马藝嘉、普成山、肖蓉亮、赵嘉莉、周丽梅（按姓氏拼音排序）参与了后期的调研。和淑清对景迈山建筑与生态进行了调查；李江南对景迈山建筑与生计进行了调查；马藝嘉、普成山对景迈山建筑与民俗进行了调查；肖蓉亮对景迈山建筑历史进行了调查；赵嘉莉对景迈山建筑文化符号进行了调查;周丽梅对景迈山建筑与宗教进行了调查。课题组成员围绕建筑与生态、建筑与生计、建筑与宗教、建筑与民俗、建筑历史、建筑文化符号、传统建筑保护撰写了调查报告,在李志农教授的主持下,对本书提纲进行了多次讨论,最终形成书稿。

在田野调查中,我们得到了很多村民的帮助,包括芒景村布朗族的苏国文先生,芒景上寨的客栈老板岩能、玉糯一家,芒景上寨的布朗族歌手岩果、岩迪,芒景上寨的村民玉琬,芒景下寨的佤族魏大南和你洪夫妻,芒景下寨的宗教人士南丙,芒埂寨的周子文、刀玉夫妇,芒埂寨景迈人家(客栈)的创始人仙贡,景迈大寨小学教师夏依勐,翁基寨经营茶叶店的岩选等;还得到了村委会成员芒景村村委会主任科爱华、糯岗寨小组长岩温胆、老酒房寨小组组长范建友、南座寨小组组长郭小明、笼蚌寨村干部李自学等的鼎力支持(本书配图中出现的人物,已经本人同意、授权使用);全程更是得到了普洱市文化和旅游局的大力支持和帮助。在此表示衷心的感谢。最后,特别感谢科学出版社编辑沈力匀前期对本书初稿做出严谨、认真的编辑工作。

刘 朦

2021 年 7 月

目 录

第一章
景迈山概述

　　景迈山（图1-1）地处中国云南省普洱市澜沧县惠民镇。普洱市位于云南省西南边陲，东临红河、玉溪，南接西双版纳，西北连临沧，北靠大理、楚雄。东南与越南、老挝等国家接壤，西南与缅甸毗邻，境内国境线长约486公里。普洱市历来是多民族聚居之地，包括汉族、拉祜族、佤族、哈尼族、彝族、傣族、布朗族、瑶族、苗族、傈僳族等民族。从生态环境来看，它是一个生物多样性富集的地区，是云南"动植物王国"的缩影，生物多样性为其文化多样性的产生和维系提供了必要的基础。普洱市历史上是多元文化交融汇聚之地，也曾是"茶马古道"之源。

　　澜沧县位于普洱市西南部，西部与缅甸接壤，是全国唯一的拉祜族自治县。截至2020年，澜沧县下辖5镇15乡，面积为8807平方公里，总人口为49.27万人，有拉祜族、佤族、哈尼族、彝族、傣族、回族、布朗族、景颇族等20多个少数民族，少数民族人口占澜沧县总人口的76.8%。惠民镇面积为386.61平方公里，总人口为1.8万人，下辖5个行政村，是拉祜族、哈尼族、傣族、布朗族等多民族居住地（国家文物局，2020）。

　　景迈山距澜沧县城72公里，东邻西双版纳勐海县，西邻缅甸，在西双版纳、普洱与缅甸的交界处。景迈山人工栽培型古茶林，是茶树演化过程中最后被人类驯化利用的重要见证，也是人工栽培型古茶林景观的杰出代表，它见证了茶树野生—驯化—规模化种植的发展历史，是人类文明的重要遗产和宝贵财富，也是澜沧县乃至整个普洱市茶产业发展和茶文化旅游的重要展示窗口。

图1-1　景迈山的清晨
（苏锟摄，普洱市文化和旅游局）

一、景迈山的古茶林

古茶林，是指在森林中选择性间伐部分乔灌木以后，采用茶籽播种、有性繁殖，在灌木层形成本地种茶树的优势群落，经过百年以上培护、更替形成的具有良好森林生态和显著乔、灌、草立体结构的林下茶种植系统。在澜沧县20个乡镇中，17个乡镇有古茶林，但普遍分布分散、面积小。景迈山有着澜沧县乃至整个普洱市面积最大的古茶林，占全县古茶林面积的70%。

景迈山古茶林位于澜沧江流域的普洱市澜沧县惠民镇的景迈山上，分布在海拔1400～1600米的山区，属亚热带山地季风气候，干湿季节分明，年平均气温18℃，年降水量1689.7毫米，其地形和气候条件十分适合普洱茶的生长。景迈山包含景迈、糯岗、芒景三片古茶林，面积约为1230.63公顷，种植密度约为1000棵/公顷，古茶林内古茶树超过120万株。世居民族人工驯化、栽培古茶树（图1-2）已有1000多年历史。景迈山古茶林是中国古茶林与传统村落相互依存关系保存最完整、古茶林分布面积最大的茶文化景观遗产地。

景迈山古茶林也被称为"千年万亩古茶林"，具有重大的科学价值、景观价值、文化价值和生产应用价值，是重要的自然遗产和人文遗产，也是中国茶文化的历史见证。国际古迹遗址理事会、国家文物局专家曾多次到景迈山古茶林进行实地考察、研究，他们一致认为景迈山古茶林"远看是森林，近看是茶园；抬头是绿色天堂，低头是绿色地毯"，其历史悠久、规模宏大、文化底蕴深厚，展现了茶文化的过去、现在和未来。

图1-2　景迈山古茶树
（普洱市文化和旅游局供图）

二、景迈山的传统村落

景迈山的传统村落具有十分悠久的历史。据史料记载，布朗族先民和傣族先民在公元10世纪至14世纪来到景迈山定居，以种茶为生，相互交流、和谐共处，共同建设着美丽的茶山家园。景迈山内有景迈行政村（简称"景迈村"）下辖的景迈大寨、笼蚌寨、南座寨、班改寨、勐本寨、芒埂寨、老酒房寨、糯岗寨和芒景行政村（简称"芒景村"）下辖的芒洪寨、翁基寨、芒景上寨、芒景下寨、翁洼寨、那耐寨共 14 个村寨。除老酒房寨以外，其余 13 个村寨均于 2013 年成为中国第七批全国重点文物保护单位（不含糯岗新寨）。同年，芒景村（包括芒景上寨、芒景下寨、芒洪寨、翁基寨、翁洼寨等）和景迈村的糯岗老寨（糯干组）被列入《中国传统村落名录》。

景迈山的传统文化[①]要素主要集中在空间上相对集中成片分布的三片古茶林，即景迈片区、糯岗片区和芒景片区，尤其是融入三片古茶林中的 9 个传统村寨里（图 1-3 和图 1-4）。这 9 个传统村寨分别为：景迈村的景迈大寨、糯岗寨、芒埂寨、勐本寨 4 个傣族传统村寨，以及芒景村的芒景上寨、芒景下寨、翁基寨、翁洼寨、芒洪寨 5 个布朗族传统村寨。

图 1-3　景迈山传统村寨（1）

（普洱市文化和旅游局供图）

---

① 传统文化是指经文明演化而汇集成的一种反映民族特质和风貌的文化，是各民族历史上各种思想文化、观念形态的总体表现，其内容当为历代存在过的种种物质的、制度的和精神的文化实体和文化意识。它是对应于当代文化和外来文化的一种统称。

图 1-4　景迈山传统村寨（2）

（普洱市文化和旅游局供图）

三、景迈山的传统建筑

景迈山的传统村寨保存完好，传统建筑面貌真实、完整，体现了当地民族与自然和谐相处、创造人居环境的高超智慧。

景迈山的 9 个传统村寨共有居民 1261 户，4604 人，居住建筑 1612 栋，其中与环境协调的传统民居共 1233 栋，占居住建筑总栋数的 76.49%（国家文物局，2020）（表 1-1、图 1-5 和图 1-6）。

表 1-1　景迈山 9 个传统村寨传统建筑概况

村寨概况			户数 / 户	人口 / 人	居住建筑 / 栋	传统民居 / 栋	传统民居占居住建筑的比例 /%
行政村	景迈村	景迈大寨	220	392	281	139	49.47
		糯岗寨	172	654	300	204	68.00
		芒埂寨	67	296	40	30	75.00
		勐本寨	128	538	136	102	75.00
小计			587	1880	757	475	62.75

续表

村寨概况			户数/户	人口/人	居住建筑/栋	传统民居/栋	传统民居占居住建筑的比例/%
行政村	芒景村	芒景上寨	152	631	199	181	90.95
		芒景下寨	79	327	108	105	97.22
		翁基寨	89	334	145	143	98.62
		翁洼寨	135	500	116	83	71.55
		芒洪寨	219	932	287	246	85.71
小计			674	2724	855	758	88.65
合计			1261	4604	1612	1233	76.49

资源来源：国家文物局，2020. 普洱景迈山古茶林申遗文本［R］. 北京：国家文物局.

图 1-5　景迈山传统建筑（1）

（任维东摄，2019）

2019 年，李志农教授受普洱市文化和旅游局委托，对景迈山传统建筑文化展开了研究。李志农教授的调研团队由云南大学民族学与社会学学院师生组成①。在李志农教

———————————

① 调研团队由李志农、刘朦、沙磊、曲化卓乔、和淑清、李江南、马藝嘉、普成山、肖蓉亮、赵嘉莉、周丽梅组成。

图 1-6　景迈山传统建筑（2）

授的带领下，团队成员分别于 2019 年 2 月、2019 年 4 月、2020 年 1 月、2021 年 5 月到景迈山进行调研。其间，团队成员走访了景迈大寨、勐本寨、芒埂寨、糯岗寨、老酒房寨、芒景上寨、芒景下寨、芒洪寨、翁基寨、翁洼寨、班改寨、南座寨、笼蚌寨共 13 个村寨，对其中的 9 个传统村寨及其传统建筑进行了重点调研。

第二章
景迈山建筑文化概貌

建筑深刻地反映着人类的文化，是文化的产物。汉宝德说："我始终认为建筑是文化的产物，一个民族的文化最具体的表现就是建筑。"（汉宝德，2008）建筑是文化的重要载体，许多文化现象，如哲学、宗教信仰、社会制度、社会生活、艺术美学和生产经济活动等，都或多或少通过建筑表露出来。

何谓建筑、如何界定建筑，存在多种界定标准。有人认为，建筑是空间。例如，房子"通常是指包含由屋顶和外墙从自然中划分出来的内部空间的实体"（芦原义信，2006）。房子固然属于建筑，但纪念碑、塔和墓地也占有空间，同样也属于建筑。此外，与建筑物相关联的一些空间范围也属于建筑范畴。因此，在本书中，建筑指的是具有一定实用功能的实体与空间的结合。实体是指可见的、属于环境的一部分；空间则包括墙、地面、屋顶、门窗等围成建筑的内部空间，以及建筑物与周围环境中的树木、山峦、水面、街道、广场等形成的外部空间。

何谓文化？如果取其广义的含义，可将文化解释为社会发展过程中人类创造物的总称，包括物质技术、社会规范和观念精神。依此类推，建筑文化包括三个层面：从物质方面看，指城市、乡村、建筑物、园林、道路等人为的空间环境实体；从社会规范方面看，指建筑空间、造型、组合、装饰等表征的社会秩序；从观念精神方面看，则指通过物质（即空间环境实体）体现出来的建筑理论，以及人的审美观、价值观和哲学观等。

一、景迈山的文化

景迈山的文化主要包括民族文化、地域文化、民间信仰、宗教文化、民俗文化和茶文化六部分。

民族文化是指各民族的族源及最初的居住模式蕴含的文化基因；地域文化是指为适应地域环境、生态而激发出来的人类创造力；民间信仰是指一种在特定社会经济文化背景下产生的以鬼神信仰和崇拜为核心的民间文化现象；宗教文化是指具有完整理论体系的特殊的社会意识形态；民俗文化是指人们在日常生活中产生的民俗习惯与行为；茶文化是指围绕茶叶生产、饮茶活动、茶树崇拜等形成的文化特征。

（一）民族文化

在历史上，景迈山是多民族杂居、交融汇聚之地，分布着布朗族、傣族、佤族、哈尼族、汉族等民族。

1．布朗族

布朗族起源于新石器时代晚期云南三大族群之一的"百濮"（孟高棉族群），属于南亚语系孟高棉语族布朗语支，史书也称其为濮人，与德昂族、佤族有族属渊源关系。据史书记载，早在3000多年前的商周时期，云南境内的"百濮"就已经与中原王朝有了交往。到了2000多年前的西汉武帝时期，濮人的一支"苞满"已居住在今云南保山、大理一带。东汉至南北朝时期，"闽濮"等濮人族群受战争等因素的影响，不断迁徙、分散，从而加速了民族的分化与组合，分布范围也到达今保山、德宏、临沧、普洱、西双版纳等地区。隋唐时期，濮人内部开始分化组合，一部分濮人分化出来发展成"朴子蛮"，即今布朗族和德昂族的先民。元、明、清时期，"朴子蛮"又称作"蒲蛮"和"蒲人"。至清朝，居住在怒江以西的"朴子蛮"逐渐发展为德昂族，而怒江以东和澜沧江广大区域的"朴子蛮"则发展为今天的布朗族。布朗族有多种自称，1949年以后，根据本民族的意愿，统称为布朗族。布朗族大部分人信仰南传上座部佛教（简称"南传佛教"），崇拜祖先。布朗族的民居建筑为干栏式竹楼。

今天，景迈山地区的布朗族主要是从他地迁徙过来的，其先民在唐以前主要居住在"勐卯壤发"（今瑞丽）和"绍英绍帕"（今缅甸佤邦），这与前述"百濮"（濮人）的发祥地今保山一带相隔不远，亦属于濮人起源发展的核心地区之一。他们当时逐步从瑞丽地区外迁，途经畹町、帮瓦、安定、勐堆、孟定、耿马、沧源、绍英绍帕（缅甸）、西盟、孟连等地，最后定居于芒景。

2．傣族

从族源来看，傣族是一个历史悠久、拥有深厚文化底蕴的"百越"族群，是普洱市世居民族之一，拥有自己的民间信仰，并信奉南传佛教，有着自己的语言和文字。傣语属汉藏语系壮侗语族壮傣语支。澜沧县境内的傣族主要是元末明初由"勐卯壤发"远道而来，当时正处于王朝更替之时，缅甸与元战乱频繁，原住瑞丽地区的大量傣族部落开始外迁，如今澜沧县境内的傣族大部分是当时迁徙而来的。明朝至清中叶，傣族人口繁衍生息，遍布全县，逐步又往南部的西双版纳及缅甸迁徙。惠民镇是澜沧县傣族分布较多的两个乡镇之一，景迈山又是惠民镇傣族的主要聚居地。傣族的民居建筑为干栏式竹楼。

在傣族进入景迈山之前，布朗族已经在景迈山扎下了根。傣族进驻以后，其先进的生产技术和文化，对布朗族产生了较大的影响。这种影响慢慢渗透到布朗族的日常生活和宗教信仰等各个方面，至今两个民族之间还有很多相同的习俗。

3．佤族

佤族源于古代濮人部落，是普洱市境内较为古老的世居民族，主要分布在西盟、澜沧和孟连等三县，古代史籍中称其为"哈刺""哈杜""古刺""哈瓦"等，自称"阿佤""阿卧""勒佤""巴饶"等，是一个从原始社会一步跃入社会主义社会的民族。佤语属于南亚语系孟高棉语族佤德语支。佤族普遍拥有万物有灵的民间信仰，敬"木依吉"为创造万物的神。佤族的传统民居建筑有四壁落地式竹楼和干栏式楼房。

4．哈尼族

哈尼族源于古代北方的"氐羌"族系，是普洱市世居主体民族之一，以轮歇游耕农业为主。语言属汉藏语系藏缅语族彝语支。哈尼族居住在半山区，民居建筑有土掌房、蘑菇房和干栏式建筑。哈尼族拥有万物有灵的民间信仰，以村寨旁的古树丛林为寨神，定期杀牲祭祀，此活动当地人称为"祭竜"。

5．汉族

景迈山的汉族来自五湖四海，尽管人数少，但姓氏多达十几个，每个姓氏背后都有着复杂的迁徙历程。根据田野访谈得知，唯一的一个汉族村落——老酒房寨，约有150年的历史，是近代才逐渐发展起来的小村寨。

6．各民族文化的交融

景迈山各少数民族分属于百濮、百越、氐羌三大族群，这三大族群上古时期就在我国境内繁衍生息，是构成中华民族多元一体格局的重要部分。

百濮族群系先秦时期从中南半岛溯江而上，迁入我国云南西部境内的，是至今生活在云南境内的德昂、布朗、佤族的共同先民。

先秦时期，百越民族的分布广泛，主要分布于长江中下游、闽江流域、珠江流域、红河流域，一直到缅甸伊洛瓦底江中上游的广袤地区，即从我国的江苏省，经浙、闽、桂、黔、滇及越南、老挝、泰国、缅甸到印度的阿萨姆邦，呈半月形。

分布在云南南部和西南部地区的百越族群，由于长时期与中原文化联系较少，融合过程较为缓慢，直到南北朝时期，由于云南所处位置的独特性，才受到来自中原和印度佛教两种文化的双重影响。

氐羌族群生活在渭河流域和黄河中游一带，从事游牧活动。从春秋战国到魏晋南北朝，开始大规模向西、南、北三个方向不断迁徙。进入云南的氐羌族群经过不断的演变和分化，到南北朝时已形成了众多的支系及族群，几乎遍布云南的中、西、北部地区。

历史学、民族学相关史料显示，百濮、百越和氐羌三大族群在西南地区已形成相互融合、相互渗透的格局。

布朗族和傣族先民早在东汉初年设置永昌郡时，便杂居相处，其在政治、经济、文化等方面的联系非常密切。在物质文化方面，布朗族的民居建筑和宗教建筑酷似傣族，衣饰、生活用具也接近于傣族。在精神文化方面，布朗族的宗教、音乐、舞蹈、文字、历法、文学和节日等都受到傣族文化的影响。从宗教信仰来看，布朗族和傣族都信仰南传佛教，共同使用西双版纳傣文经书。在民间交往的过程中，布朗族与傣族互通有无、互相帮助、交往至深、感情甚笃。

佤族与傣族早在秦汉时期就已经发生了相互联系和文化交流。在今滇西的临沧、普洱等市内，佤族、傣族两个民族居住地往往呈现出犬牙交错、你中有我、我中有你的状态。

哈尼族与百濮族群的交流交往也很多，百濮族系的布朗族、德昂族、佤族皆栽种稻谷，经济作物皆以茶树栽培为主。哈尼族是氐羌族系的后裔，本以游牧为生，入滇之后，很快就接受了百濮族群的茶树种植技艺，更新了文化内核。在漫漫迁徙历程中，哈尼族逐步由游牧民族演化为稻作农耕民族。

（二）地域文化

文化地理学认为，文化的产生与发展，与自然地理环境有着很大的关系。"随着地理环境的变化，文化现象也要更新，既要保持本质文化的精神属性，也要及时适应环境变化衍生出新生文化。"（张梅芬，2019）

景迈山作为横断山系怒山余脉临沧大雪山南支，整个地形西北高、东南低，最高海拔为1662米，最低海拔为1100米，属于典型的山地。山地是一种陆地表面上较高较陡的隆起地貌。山地的地形和高度，以及因此而形成的特殊山地气候，影响着山地生物的分布和功能。山地是一个特殊的自然和经济文化综合体，既是地貌学的重要概念，更是资源、环境、人口、经济等社会文化诸多领域的常用概念。山地以其独特的形态，展现其固有的地貌特征和生态环境功能，成为人类文明的发祥地和多民族文化的诞生与发展的根基。山地的特征有梯状系统性、垂直立向性、综合多样性。山地的生态环境功能有水系发育的根基、生物多样性的宝库、水土平衡的控制作用等。

云南的古茶树大多生长在海拔千米以上的高山林地中，景迈山得天独厚的自然条件和丰富的生物多样性为古茶树的保存和生长提供了充足的保障，从而也形成了围绕茶叶种植的一系列耕作活动，以及人居环境建设。

第一，造就了丰富的生物多样性。"在景迈、芒景地区的古茶园、新式茶园、天然林及该区植物区系的调查中，共记录到种子植物125科、489属、943种和变种。"（齐丹卉　等，2005）与新式茶园相比，古茶园的物种数和多样性指数要高得多。古茶园中不仅保存了大量的野生植物资源，还蕴藏着丰富的茶树树种资源，是研究茶树起源、演化等不可或缺的材料。

第二，开辟了旱地梯田稻作方式。早期的景迈山各民族先民刚刚迁徙到景迈山时，以打猎为生。他们开辟古茶林后，逐步在古茶林防护林外围开垦耕地，种植旱作农作物，包括稻谷、玉米、花生、蔬菜及香蕉等，形成了旱地梯田稻作方式。

第三，开创了立体生态空间模式。景迈山由于山体的海拔跨度大，形成了立体气候。山上与山下在动植物分布、农作物种植上均有一定的差异。从整体上看，景迈山形成了"以人工茶园为主、亚热带次生林为辅的生态群落，呈现出了茶园居山腰、次生林居山顶、水稻居山脚的立体生态空间结构"（饶明勇　等，2016）。

总之，景迈山山地人居环境、独特的生态系统，使其完全有别于世界上众多的著名台地茶园，是全球山地森林农业开发的典范。景迈山拥有万亩古茶园，这里物种多样、生态资源富集，堪称名副其实的植物王国。

（三）民间信仰

景迈山各民族至今仍保留着浓厚的民间信仰。民间信仰包括自然崇拜、图腾崇拜和祖先崇拜。

1．自然崇拜

自然崇拜是远古时代社会生产力低下，人们畏惧自然的产物，是景迈山各少数民族普遍保留的民间信仰，并且延续至今。这里的人们对自然、祖先、神灵的原始崇拜极为普遍，山有山神、水有水神、树有神树、寨有寨神。人们每年都会举行相应的祭祀活动。

2．图腾崇拜

图腾崇拜作为人类历史上最早的信仰之一，尤其是在少数民族中有较多的体现。由于景迈山世居民族的生产生活和茶叶密切相关，山中居民多崇拜茶魂树，尤其是布朗族人会把茶叶视为图腾，以此表达对茶的感谢与敬仰之情。傣族人多以牛角为图腾。

3．祖先崇拜

图腾发展的中后期，图腾的模样逐渐从自然物向全人形转变，祖先崇拜由此产生。景迈山布朗族所信奉的茶祖为帕哎冷，景迈山傣族所信奉的茶祖为召糯腊。

（四）宗教文化

景迈山傣族、布朗族都信奉南传佛教。随着南传佛教的传入，佛教建筑也得到了迅速发展。南传佛教在景迈山傣族村寨中的地位极高，每个村寨都建有佛寺、佛塔，村寨内重要的节庆活动、赕佛仪式等都是在佛寺内完成的。可以说，宗教信仰是村寨内部庙宇空间的形成与发展的主导因素。

（五）民俗文化

民俗，即民间风俗，它是一定的社会群体在长期的历史发展过程中形成的趋同性行为模式，包含着人们在物质生产、经济贸易、社会交往和文化娱乐等各个方面约定俗成的行为方式和行为规范。

景迈山上的各少数民族通过长期的生存实践逐渐形成了极具特色的民俗习惯，布朗族、傣族有诞生礼、婚礼与丧葬礼等人生礼仪，还有桑康节、泼水节等民族节庆。

（六）茶文化

在澜沧江中下游地区，独特的地理环境和生态环境孕育和保护着当地丰富的古茶树资源。遍布该地区的野生茶树群落和古茶园不仅是茶树原产地、茶树驯化和规模化种植发源地的有力证据，也是未来茶叶产业发展的重要种植资源库，与当地的生态环境和少数民族共同构成了特殊的生态系统与民族茶文化体系，具有多重价值。

景迈山世居民族在漫长的生产生活中创造了丰富的茶文化，包括种茶、制茶等生产文化，食茶、用茶的风俗，茶祖祭祀等习俗。独特的茶林种植方式，古老的茶叶制作技术，传统的民居建筑风格、茶祖祭祀，纯朴的世居民族性格，以及蕴含其中的和谐人地关系，塑造了景迈山浓厚的茶文化地域特色和民族特色，从而确立了其有别于世界其他茶文化独特的身份辨识性。除了传统的茶风俗之外，还有宗教用茶、婚嫁物、婚礼敬茶等丰富的茶习俗。例如，布朗族人家女儿出嫁的时候，茶叶会被用作陪嫁品带到夫家，一些富庶的布朗族人家还会将茶园或大茶树当成女儿的陪嫁品。

二、景迈山的传统建筑类型

景迈山的传统建筑包括民居建筑与宗教建筑两大类，每一类的造型都有其特征。

（一）民居建筑：干栏式住屋

景迈山各民族传统民居均采用木构干栏式建筑形式。景迈山建筑形式发展至今经历了五代的变迁，自干栏式建筑模式出现后，历经几代，虽然其从材料到空间功能都发生了很大的改变，但干栏式建筑的结构基本维持不变。

干栏式建筑有以下几个特点。

1. 形式特征：架空和楼居

干栏式建筑最突出的形式特征是架空。无论架空层的高矮和是否加以利用，都可划入干栏式建筑的范畴。西南地区有一些隐形干栏式建筑，从外观看不出架空的特点，内部却是地道的干栏式——底层完全用来堆放杂物和饲养牲畜，人登梯而上，至二层生活居住。因此，干栏式建筑架空形式的本质特征是楼居。那些架空特征不外显，内部却是地道的楼居的建筑也应归入干栏式建筑的范畴。

综观景迈山民居建筑的发展历程，自干栏式建筑形成以后，两层的形制一直未发生改变，楼居皆为一楼一底形式，底层架空，二楼居住。唯一变化的是楼层的层高在不断增加，整个建筑变得更加高大宽敞。底层的结构也在发生变化，由原来放置农具、饲养牲畜的完全开放式空间变为半封闭式空间。后期建盖起来的现代砖石住房，也没有脱离干栏式建筑的特征，仍是底层架空或底层用于停车、储藏、做饭等，二楼住人。

2．结构体系特征：柱梁式框架结构

干栏式建筑主要以木、竹为建造材料，主体多为木结构，屋顶通过木或竹子加工成椽、擦条、挂瓦条等，并且通过在椽上钉挂瓦条来铺设缅瓦。木柱梁构成类似框架结构的承重体系，底层架空，二楼墙体起维护作用。二层也有适当的减柱做法，其纵横方向都有梁，传力体系完整。

3．建筑材料特征：原生态建筑材料

傣族的干栏式住屋又称为竹楼，竹楼因其用竹作建筑材料而得名。普洱市地区良好的气候条件非常适宜竹子的生长，丰富的竹资源为建房提供了充沛的原材料。第一、二代干栏式建筑的柱、梁、楼板、楼梯、墙壁及掌子（晒台）等均由竹子构成。除使用竹子外，在出现瓦片以前，屋顶均采用茅草制成，树枝作屋身。茅草采用景迈山野生的草本植物，人们用刀等工具将其割下，晒干后编织起来，制成房屋的顶棚。

由于竹子、茅草承重能力低、遇水易腐，用其建造的屋顶不够坚固，使用年限短。景迈山位于亚热带季风气候区，全年充沛的降雨和较高的气温十分适合水稻的生长。各民族辛勤种植的水稻，既是他们主要的粮食供给，也成为建造房屋的主要材料来源，因而稻草与茅草一样被用于制作屋顶。到了近代，以竹子和稻草为主的建房材料逐渐被淘汰，取而代之的是坚硬的木料。整个干栏式住屋全部用木料搭建，竹子仅作为辅料被编制成精致的篱笆，用作地板和墙壁。

4．屋顶造型特征：大坡度屋面

景迈山降雨量多，使得屋面坡度增大，屋顶会覆盖到2/3屋身处，类似于佤族的鸡罩笼式房屋（图2-1）。室内空间大部分是由高耸陡立的屋顶围合而成的，屋顶墙体有一体化的倾向，这种特征是人类早期人字形窝棚的一种遗留形式。近年来，由于景迈山各少数民族生计方式的改变，

图2-1　佤族鸡罩笼式房屋

水稻作物生产逐年减量，稻草也随之减少，加之房屋体量增大，草屋顶容易腐败，更换成本较大，草屋顶已不再适应新的建筑形式，瓦顶便全面取代了草屋顶。同时，采光和房屋高度的增加，使房屋体量也相应增大，瓦顶随之缩短，最终呈现的屋顶高度仅占整个建筑高度的 1/3。

5．技术特征：叉手结构

叉手结构，是由两根斜梁构成的屋架形式以支撑脊檩。在榫卯技术没有出现以前，是通过绑扎的方式连接各个构件。因此这两根斜向交叉的木构件是叉手式结构最重要的承重构件，直接形成了屋架，并创造出了空间。这种由交叉椽子支撑脊檩的做法脱胎于早期的三角形蓬架，在发展成熟的中国木构体系中已不占主流，但在干栏式建筑中还占有主导地位。叉手结构的核心构件是斜梁，由斜梁构成两面坡的三角形屋架可以承受屋面的载荷。在景迈山干栏式建筑中，叉手式结构仍被广泛地采用，只是交叉于脊檩的叉手形状逐渐演变为装饰性构件，如具有民族特色的标志符号"牛角"（傣族）和"一芽两叶"（布朗族）。

6．建筑平面布局特征

（1）以火塘①间为核心的空间组织方式。尽管各家各户平面空间的形态各不相同，但空间组织序列的方式基本一样。空间组织序列遵循：入口楼梯—敞厅或走廊（或者没有）—火塘间—卧室。从入口楼梯进入房屋后的空间类型可分为厅型与廊型。厅型是指从入口楼梯上至二楼后直接进入一间半开敞的厅，通过这个厅再进入其余房间。廊型是指从入口楼梯上至二楼后，首先进入一条半开敞的外走廊，这是一个过渡空间和交通空间，然后再进入厅。无论厅型还是廊型，平面空间组织的方式都是以火塘间为核心，厅和廊都是这个核心空间的前区过渡性空间。

（2）建筑中无"合院"概念。中国古典建筑以内向型的合院空间为重要特征，通过建筑围合出一个空间而成为院落，再由大小不一的院落组合而成建筑的群体空间，宫殿如此，民居建筑亦如此。建筑空间封闭、围合，体现了一种内省的精神意味。干栏式建筑空间形态则是外向型的，具体表现为：四周无围墙，一般无大门，人可以随意进出。

（3）建筑入口设置于山墙面。中国古典建筑以明间为中心展开，入口往往开设于明间。前檐面为正面，山墙面为侧面。干栏式建筑入口大多设置在侧面山墙处，体现了纵深型的、以山墙为主入口的建筑形态。这是早期人类"人字形"窝棚式建筑在山墙面开设入口的遗存表现。

基于以上各种特征，景迈山的干栏式建筑在建筑形态（大坡度屋面、原生态的建筑材料）、建筑技术（叉手式结构）及建筑空间秩序（以火塘间为核心、山墙为入口的纵深序列）上都保持着较多的一致性。

（二）宗教建筑：佛寺与佛塔

景迈山的宗教建筑一般指佛寺与佛塔。

---

① 火塘，一般置于房间的转角处，四周用砖石砌起来，为高约 30 厘米、面积约 1 平方米的台子。火塘正中安放一具生铁铸成的三脚架，上面是一个圆形的铁圈，下面是三根向外的铁架。

1．佛寺

景迈山村村寨寨都建有佛寺，佛寺通常位于聚落的最高点，有的佛寺旁边还建有佛塔。从建筑风格来看，景迈山的佛寺与西双版纳的佛寺较为相似，有着以下特点。

（1）屋顶为类歇山式，其实并非严格意义上的歇山顶，而是由最上层叠置2～3层不等的悬山屋面，再加下面的四坡屋面构成类似歇山顶的外形。

（2）屋面纵向分成3～5段，中间一段最高，依次向两端递减，各段高差为一块博风板高度，有的左右两段在檐口处又连到一起，整个屋面层层叠叠，好像在屋脊上骑放着许多巨大的书。

（3）歇山顶山面巨大，又常在此处横加一重厦檐，用斜撑挑出。

（4）屋顶为坡度十分陡峻的重檐歇山式缅瓦屋面，并通过举折处理使屋面呈优美的凹曲状，使下部坡缓，出水溜远。

（5）在正脊、垂脊、戗脊上密密排列着火焰状、塔状、孔雀状的琉璃饰品，强化屋顶轮廓装饰，极富渲染效果（杨大禹，2011）。

景迈山的佛寺布局灵活，无严格的对称居中要求，也没有形成统一固定的型制。通常使用不同建筑形体之间的尺度变化来强调以佛殿为中心的空间布置与序列，继而突出主佛殿的主导地位。佛寺旁常种植鸡蛋花、地涌金莲、菩提树、棕榈等植物。菩提树是传统南传佛教佛寺的重要组成部分，在傣族佛寺中无一例外都栽种这种圣树，而在芒景布朗族村寨中，尽管有若干菩提树，但大多不在佛寺内。

佛寺由佛殿、戒堂与僧舍（本文不涉及僧舍）组成。佛殿是佛寺中的主要建筑，它以巨大的体量、精美的造型和装饰，以及险要的位置确定了对整个寺院的控制优势。佛殿平面都为矩形，以东西向为主轴线，主要入口置于东端，佛像靠近西端，面朝东方。佛殿为平房类型，处于不同高度的台基之上，其高度与佛寺等级有关。佛殿的承重架构均为横向梁架体系，沿纵向布置，亦有墙、柱混合承重的方式。戒堂是与佛殿外观相似的一种体量略小的建筑物，在景迈山，有的佛寺有戒堂，有的没有。戒堂的体量比佛殿小，位置也并没有严格的对顶。

2．佛塔

佛塔是佛教文化中最突出、最具特色的建筑物之一，蕴含了人类修建过程中地理、历史、社会、政治、文化、技术等信息，丰富了地区宗教文化意识形态的物质载体研究，也体现了宗教和建筑学理论研究的价值。

南传佛教佛塔由塔座、塔身和塔刹三大部分构成。塔座分为塔基、坛台。塔基平面多为正方形，高几十厘米，坛台更高些，通常为1米左右。塔身分为钟座、覆体，有覆钟、八边形和折角亚字形等，占全塔高度约一半以上。塔刹一般有莲座、燕巷、宝伞、风标和钻球。

景迈山傣族村寨内部的佛塔外观皆为金色，塔基上坐一圆形多环的塔座，上承一钟形或变异的钟形塔身。尤其以勐本寨的大金塔最为突出。勐本寨金塔是景迈山傣族地区最早建立的佛塔，其体量宏伟、造型优美，是非常壮观的佛寺景观。

布朗族寨内，除芒洪寨有座八角塔外，没有典型的南传佛教的金塔或白塔。芒洪寨的八角塔为八角形重檐攒尖顶空心砖塔，坐东朝西，分塔基、塔身与塔顶，通高5.8米，塔基为砂石八方须弥座式。此塔对研究布朗族宗教文化具有重要价值。1985年3

月，澜沧县将之列为县级保护文物。

3．聚落的构形与特点

一定区域内的单体建筑、合院式建筑及道路、桥梁等聚合而成更大的建筑群，称为聚落。聚落构形是指一定区域内建筑群的组合方式。

景迈山的聚落构形特点可概括为：依山而建的村落选址、傍水而居的村落分布、向心布局的村落形式。

（1）依山而建的村落选址。在山区地带进行村寨选址和布局时，很大程度上受到生态条件的制约，尤其是地形地貌的影响。此外，"万物有灵"的自然崇拜，也使得布朗族和傣族先民在村落选址上具有共同的原则，即依山而建，既有神山，也有茶山。

（2）傍水而居的村落分布。水资源分布对村落选址也有很大的影响。在景迈山，几乎每一个村寨都会选择围绕水资源而居。水是农业生产的必需品，也是村民生活不可缺少的组成部分。布朗族对水源的需求一般以山泉为主，井水使用较少，其传统做法是不将水源引入村寨内部，而将其安置在村寨的入口处，作为风水的需要，同时也可满足村民的生活之需。

（3）向心布局的村落形式。景迈山所有的村寨都围绕着寨心呈向心布局，这是传统农耕社会村落布局的一种方式，也体现了民间信仰对村落凝聚力的影响。

三、景迈山的传统建筑文化

建筑是文化的载体，建筑形式本身也是一种文化表现。景迈山传统建筑文化是对民族文化、地域文化、民间信仰、宗教文化、民俗文化和茶文化的综合反映。

（一）干栏式建筑与民族文化

景迈山的传统民居为干栏式建筑。对于干栏式建筑的族属问题，目前学界较为一致的看法是，"是为我国境内'百越'先民所创造的，'干栏文化'乃是'百越文化'的重要组成部分"（赵永勤，1984）。

考古发现最早的干栏式建筑是宁波河姆渡干栏式建筑，古时流行于南方百越族群的居住区。百越族群曾广泛分布于东南地区的苏州、浙江、福建、江西、台湾，岭南地区的广东、桂林，西南地区的云南、贵州等地，另外，安徽、湖南、湖北地区也有一定数量的分布。百越先民创造了干栏式建筑，与百越民族所居住的自然地理环境及农耕稻作生计方式不无关系。历史考古已证明，中国稻作起源于百越先民活动的区域。首先，从地理环境气候来说，大部分村寨居于山间或河谷地带，气候炎热、多雨潮湿，为了在温热潮湿的地方定居，居民建造了防潮、通风性能好的木结构干栏式房屋，它可以通风排热、避免潮气，有益于人们的身体健康；其次，当人类历史步入农耕稻作的发展期时，人们开始驯养动物、选择培育植物品种，与之适应的是人们的居住规模逐渐扩大，且位于地势平坦而开阔的地方。这个时期的聚落有了快速的发展，主要表现在聚落面积的增加和聚落功能的完善。总之，稻作农耕文化为远古人们的定居提供了物质基础，也使干栏式建筑在稻作农业的经济基础上有了发展的可能。

因此，可以说干栏式建筑携带着百越文化的基因，而这种古老的建筑"基因"出现在不同的人种和文化系统中，就演变为现在全世界不同形态的干栏式建筑，显现出"同源"而"异流"的发生、发展过程。

（二）人居系统与山地生态文化

景迈山独有的山地生态及多民族聚居环境，形成了人与自然高度和谐共居的模式，体现了当地先民高超的生态哲学与智慧。

1．林、茶、人、地的多元生态系统

景迈山的生态系统是一个多层级复合生态系统，以村落为中心，连接着周围的自然环境，通过物质交换和能量流动，维持着彼此的共生，从整体来看，是一个林、茶、人、地多元的生态系统。

首先，森林与茶林共生。景迈山先民在森林中开辟茶园，并合理控制森林与茶林的比例，利用森林生物的多样性有效地防治病虫害，并提高茶叶质量，使古茶林历经千年而依旧保持优良的品质并充满活力。其次，人地共荣。布朗族与傣族的村寨几乎都镶嵌在茶林之中，被森林和高山包围。这样的生活模式影响着周边其他民族，佤族、哈尼族、汉族也陆续来到景迈山，围绕着茶林开展生产和生活。

2．依山傍水的村落选址与布局

在山区地带进行村寨选址和布局，很大程度上会受到生态条件的制约，尤其是地形地貌和水资源的分布，对其有着很大的影响。景迈山各村寨总体呈现出依山傍水的选址与布局，具体表现为：布朗族村寨主要分布在海拔1300～1400米的山腰及坝子区域；傣族村寨位于海拔1100～1600米的山腰、山坳及近山顶地区；哈尼族的村寨位置海拔最低，在1100～1200米的山谷中；佤族的村寨位于海拔1450米的山腰上；汉族的村寨则位于海拔1300米的山腰及山谷中。这些村寨都离水源很近。

（三）村寨空间格局与民间信仰

布朗族、傣族村寨的神圣空间是由传统聚落中的佛寺、信仰林（竜林）、寨心、寨门等建筑物构成的。佛寺、寨心和竜林有着各不相同但均极为强大的精神作用，这是景迈山布朗族、傣族受自然崇拜信仰影响的结果，是人与鬼、神共存的空间。村寨由内到外形成寨心—向心式建筑街道—寨门—古茶林、森林（茶神自然崇拜）-竜林（祖先、自然山神崇拜）体现信仰体系的空间布局。

基于自然崇拜的信仰，村寨依山而建，傍水而居，在村寨的高地分布着村寨的风水林与竜林，在村寨的周边是古茶树与森林的混合区域，区域外较低海拔的位置分布着现代茶园。无论是布朗族村寨还是傣族村寨，出于对神灵的敬仰，其内部建筑与街道基本都呈围绕寨心的向心式布局。

1．竜林——祖灵空间

傣族的竜林一般在村寨附近，在傣族人民心目中，竜林是神林，象征着祖先灵魂居住的天国。

2．寨心——村寨的灵魂空间

村寨的中心即为寨心，寨心被看作是神山的山心在村寨中的化身，作为全寨最高

神灵的住所，寨神故又称寨心神。寨心一般位于村寨的中央，起初人们围着寨心顺势盖房，由于空间有限，后面建造的房屋便逐步分散开来，寨心也不再总是处于村寨的中心。但是围绕寨心盖房是最为密集的，并且村中的许多祭祀活动都围绕寨心展开。因此，寨心在各村寨不一定是地理位置的中心，但却是人们信仰的中心。各村寨在建寨时要先确立寨心的位置，并用石头木桩搭建好寨心，方可建寨。

3．寨门——村寨的边界空间

布朗族、傣族的村寨一般都不设寨墙，村寨的领域空间主要依靠四个寨门来界定。寨门一般设在寨内通往寨外的路口上。现如今寨门大多早已不存在了，多以路边的大树作为代替的象征物。每年祭祀寨心时，村民们会沿着这四个象征性的寨门在村寨四周以草绳作为寨墙，以确保村寨的安全。在布朗族、傣族看来，鬼灵会给村寨带来厄运，必须将其阻挡在村寨外面，也就是阻挡在寨门之外。

4．神柱、火塘——住屋内部神圣空间

住屋内部既是人们的栖身之所，也是神灵盘踞之地，所以布朗族、傣族室内都存在着一些供神空间，如由神柱、火塘等形成的神圣空间。景迈山家家户户都有火塘，火塘是火神、灶神的化身，是家中已故先人的灵魂栖居的地方。常年不灭的火塘是家庭兴旺发达和香火延续的象征，同时火塘空间在民居单元中也具有很强的凝聚力，是平时家庭成员的活动中心。

（四）佛寺、佛塔与南传佛教

在景迈山，南传佛教是布朗族、傣族信奉的宗教。南传佛教起源于印度，由东南亚传入云南。因此，在建筑形式上，景迈山的南传佛教建筑主要受东南亚一带佛教建筑文化的影响，呈现出别具一格的面貌。

（1）从佛寺构成来看，景迈山的佛寺由佛殿与戒堂构成，表现出与泰国和缅甸佛寺的某些亲缘关系，其差异性体现在佛殿与戒堂的规模上。

（2）从佛殿建筑基本型制、外部造型来看，景迈山的佛殿风格与东南亚的佛殿风格较为接近。

（3）从塔的造型来看，根据杨昌鸣对东南亚与中国西南少数民族建筑文化研究得出的结论，"云南傣族佛塔在总体特征上的确与泰国、缅甸等国的佛塔有着很深的关联，而且版纳与滇西的佛塔也分别同泰国和缅甸的佛塔风格更接近一些。然而，在细部处理方面，云南佛塔与泰、缅佛塔也有不少差异性，表明傣族人民吸收并改进外来文化的能力极强"（杨昌鸣，2004）。

（4）从建筑使用材料和技术来看，原本不受重视的砖石建筑技术得到了极大的发扬，佛殿、僧房、佛塔等建筑已经偏离干栏式建筑的传统技术，转向砖石建筑风格，这也说明景迈山的佛教建筑受到外来文化的影响。

（五）茶文化与茶建筑景观

景迈山的茶文化是布朗族和傣族先民在长期的历史发展中创造出来的民俗文化的综合体，具有很强的民族特色，其茶文化包括茶的种植、利用和生产，饮茶习俗，茶祖节祭祀等。茶文化是布朗族和傣族人民在精神需求的基础上慢慢形成并得以传承的，体现了他们勤劳踏实、坚忍拼搏、热爱生活、善良温和的性格。

1. 茶的种植、利用和生产

1000多年前，布朗族在迁徙过程中，遭遇了疾病的侵袭，有族人偶然食用了茶树叶，病痛减轻了，随后布朗族先民便把茶当作神药来使用，并在迁徙途中不断寻找、标记茶树，然后在茶叶生长的地方建寨定居。

在当代，随着茶叶销量的提升、茶叶生产规模的日益扩大，茶叶生产逐渐由纯手工加工向机械化生产转变，在家庭经济中占据的比例也在逐年增加。

2. 饮茶风俗

布朗族的生活中到处都有茶的影子，他们住在茶树旁，吃在茶树下，最具代表性的饮茶方式有酸茶和竹筒茶等。

3. 桑康节（茶祖节）祭祀

布朗族在每年四月谷雨节都要举行祭茶祖仪式。桑康节又叫茶祖节，桑康节在傣语中是泼水节的意思。布朗族创造性地将传统的泼水节与茶祖节祭祀相重合，建构了具有当地布朗族民族特色的桑康节，这也反映了古茶树在当今布朗族生活中的重要性。桑康节也间接透视了布朗族与当地傣族密不可分的历史渊源，也表达了布朗族对茶的深厚感情。

在桑康节中，要举行剽牛、祭茶祖、唤茶魂等仪式，以表示对祖先的崇敬与怀念。这一天，全布朗族村民都穿着节日的盛装，敲锣打鼓，带着祭品来到布朗族茶山深处最大、最老的茶树下，举行祭茶祖、呼茶魂的仪式。在布朗族的传说当中，茶魂就是布朗族首领帕哎冷的化身，布朗族人民深信，呼唤茶魂、祭拜茶魂，茶祖帕哎冷就会保佑人们的生活幸福安康，在新的一年风调雨顺、五谷丰登、茶叶丰收。

4. 茶建筑景观

景迈山的茶文化对建筑景观的影响主要表现在以下几个方面。

第一，围绕茶林而居的建寨模式。由景迈山布朗族、傣族先民所开创的在房前屋后种植茶树，围绕茶林而居的建寨模式至今未变。随着社会的发展，人群居住的建筑在逐渐扩散，出现了自然寨，古茶园也由大群体所有变为小群体所有。

第二，以茶为中心的建筑生计空间。生计方式以茶叶为中心，意味着人们生活、生产空间的重组。在当今民居建筑中，增加了茶叶生产、加工空间。例如，一些民居建筑一楼临街房间被改为茶室，每家每户都有摆放着茶台的饮茶空间，而一些村民将不临街的一楼作为仓库，二楼改建为晒茶棚等。总之，当今景迈山民居建筑空间中有一半是围绕着茶叶的加工、生产、销售而设置的。

第三，"一芽两叶"的建筑符号。布朗族世代以种植茶叶、茶叶的初加工为主要生计方式，每年都举行祭茶祖的仪式，茶叶对于布朗族有着重要的意义。"一芽两叶"是茶叶中最精华的部分，所以被布朗族作为屋脊装饰。

（六）民俗文化与建筑景观

在景迈山，人们绝大多数的生产、生活、社交、娱乐等活动发生在村寨以及住屋中。毫无疑问，所有的民俗活动都会不同程度地影响着村落的景观或形塑民居建筑的空间构型。由芒景村和景迈村两个村委会及其下辖的十多个村民小组构成的村寨，既因气候和地理环境上的相似使得民俗上有许多相同之处，也因属于不同的民族而在民俗上表现出了炫丽的多样性。民俗上的多样性又进一步体现在村寨的景观和民居建筑的构型上。

例如，由于风水理念是当地民俗文化的重要组成部分，因而也影响着村落人居环境的建设。民间带有朴素哲理的阴阳五行风水说，表达了人、住宅、环境之间的密切关系。傣族在建房时，要请风水先生选定基址、方位和朝向之后，才可以动工。在傣族的风水观念里，空间被看成是方形的，并且被分为八个方位，每个方位都有其特定的象征意义，这些方位所代表的动物与傣族独特的风水理念息息相关。

再如，景迈村有一个传统风俗，"一家盖房，全村帮忙"。一户村民建房时，全村人都要去帮忙，迎接从上山运回来的神柱，泼水祝福。房子盖好后还要举行"建新房"仪式，全村寨的人喜气洋洋，都过来祝贺，就像过节一样。此时，还要请"赞哈"①唱"贺新房"的曲子，据说这样人们才能吉祥平安、家道兴旺。在傣族的风俗中，民居建筑中的楼梯位于架空层，一般在山墙面的位置，楼梯级数必须是单数，单数比双数要吉利。

从以上内容可以看出，在景迈山，民俗文化对民居建筑内部空间产生了重要的影响。

（七）景迈山传统建筑文化的特征

1. 景迈山传统建筑文化的多元性与地方化

由于景迈山传统文化来源的多元性，传统建筑文化也呈现多样性发展。传统建筑虽受多样性文化的影响，但都经历了一个地方化的过程。一方面，在民居建筑方面，以百越文化为基因的干栏式建筑是民居的主要样式，但受到地方区域文化的影响，在聚落构形、建筑空间、建筑符号等方面也形成了独特的地方风貌；在宗教建筑方面，受南传佛教建筑文化的影响，形成了独特的景迈山的佛寺与佛塔风格。另一方面，景迈山的传统建筑体现出少数民族文化与中原汉文化相互融合的一面。各民族文化虽相互影响、融合，但其各自的文化内核仍然存在，充分反映在各民族建筑的内部空间、建筑材料、装饰风格和建筑符号等方面。

2. 和谐相处、共生共荣的景观文化

景迈山是多民族聚居地，在有限的土地上实现各民族的共生、共荣，是景迈山人民从古至今孜孜不倦生存实践的写照。景迈山各民族在长期的交往、交流与交融过程中，形成了互不干扰、各居其所、交错共生的景观，反映了"天人合一"的哲学观念。其中，人地关系最显著、分布最集中、保存最好的三片栽培型古茶林，面积达到 1230.63 公顷，茶树超过百万株，同时也包括了古茶林生长所需的从河谷到山顶的完整自然生态环境。景迈山的原住民在不同的海拔高度上采取了有效的土地利用方式，造就了森林、古茶林、传统村落、耕作有机融合的特殊景观。

3. 建筑群落保持高度的完整性

景迈山的各村寨建筑群落文化脉络保持较为完整，尤其是糯岗寨、翁基寨两个古

---

① "赞哈"为傣语，指民间歌手。

寨，整体传统建筑景观保存得非常完好，完全出自村民自主、自发的设计和规划，与周围环境形成了水乳交融之美。

4．景迈山传统建筑文化的真实性

景迈山传统建筑文化的真实性包括如下特征："遗产的外形与设计、材料与实体、用途与功能，传统、技术和管理体制，位置与背景环境，语言和其他形式的非物质遗产，精神与感受及其他内外因素"（联合国教育、科学与文化组织，2005）。

景迈山古茶林在外形与设计，材料与实体，用途与功能，传统、技术和管理体制，位置与背景环境，语言和其他形式的非物质遗产、精神与感觉等方面具有较好的真实性。古茶林的所有者、使用者、维护者也是真实的。

第一，从建筑文化的物质表现——传统建筑来看，无论是古茶林、传统村落、景观格局都保留着较好的历史风貌。古茶林保存完好，村寨中人口仍然以世居民族人口为主，在翁基寨和糯岗寨两个古村落，传统建筑保存比例很高。

景观格局也保持着较高的真实度。在生态学的研究中，景观格局一般指景观的空间格局，是大小、形状、属性不一的景观空间单元（斑块）在空间上的分布与组合规律。通过景观格局分析，可以总体掌握土地利用的状况。相关研究表明："景迈山景观类型中，林地和茶园的面积比例较大，且分布较为聚集，作为景观中的优势斑块类型；农村居民用地斑块数目为 34 个，其斑块有规律地散布在古茶林斑块中，其说明研究区内的居民活动主要围绕茶园进行，农村居民用地之间、茶园外围保有大面积林地，且分布面积较广，充分显示出景迈山山地茶业景观的独特格局特征。"（袁西，2017）从研究数据来看，景迈山较大程度地保留了原生态的景观格局，人为干预较少，景观真实度较高。

第二，生产习俗的真实性。景迈山各民族至今仍延续着千百年来的主要生计方式，人们世代从事着维护茶林的日常劳作，茶叶种植和生产是他们主要的经济收入来源。古茶的传统种植加工技术依然保存至今，其土地利用方式依然保持了原有的方式。

第三，人与自然关系的真实性。景迈山古茶林体现的人地关系是真实的，世居民族长期居住于此，森林、古茶林、村落的空间关系，以及由独特的茶文化维系着人与自然的和谐关系，都是真实存在的。

第四，家屋习俗、建房仪式的真实性。景迈山各民族仍然保持着传统的生活习俗：用火塘做饭、烧茶，在火塘边招待客人、祭祀原始神灵；布朗族、傣族对寨神、寨心的崇拜，对神山、神树的崇拜。住屋中的火塘和神柱、村寨中的寨心仍然得以保存。建新房、换寨心时，都要举行隆重的仪式，方可动土营建。

因而，无论从景观格局、材料、设计、技术、功能及传统文化、生活习俗方面，景迈山的建筑文化都保持着高度的真实性。

四、景迈山传统民居的建筑文化符号

建筑文化符号是指具有文化象征意义的建筑构件、空间、造型或模式等。建筑文化符号不仅具有深刻的文化内涵，也使得民居建筑更加美观与独特。不同的建筑文化符号代表着不同的意义，通过探究建筑文化符号的内涵，可以更好地了解一个民族的历史与精神文化生活。

（一）芒景村布朗族民居的建筑文化符号

芒景村布朗族民居建筑中的文化符号一是受到民间信仰的影响，二是受到茶文化的影响。据文献记载，布朗族是云南较早种茶的民族之一，无论他们在哪里定居，都会以茶叶种植、生产、销售为生计来源，可以说是"以茶为生、以茶为乐、以茶为神"。

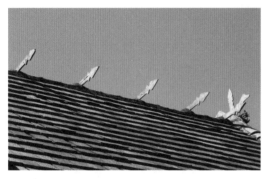

图 2-2　布朗族民居屋脊上的标箭
（任维东摄，2019）

1．标箭

布朗族民居建筑的屋顶整齐地安放着标箭（图 2-2），标箭是木质或水泥材质的，为对称状，约 1 米长。标箭通常插穿于屋脊上，也有部分标箭以挂饰的形式挂在屋檐下。据田野访谈得知，标箭有三个作用：一是起着固定屋顶的作用，由于第一代茅（稻）草屋顶并不牢固，需要用标箭横插在屋脊上才能固定好，延续至今便成为布朗族的建筑文化符号之一；二是具有驱邪作用；三是供燕子休息[1]。

2．"一芽两叶"（图 2-3）

居住于景迈山上的布朗族以种植茶叶、茶叶的初加工为主要生计来源，每年都举行祭茶祖的仪式。如今我们看到的布朗族传统民居，在主屋脊两端都会有"一芽两叶"的装饰，它由四块板瓦组成，底座呈对称开掌形式，中间直立，酷似刚刚长成的"一芽两叶"茶叶的样子（图 2-4）。

图 2-3　布朗族民居屋脊两端"一芽两叶"装饰
（任维东摄，2019）

图 2-4　"一芽两叶"茶叶
（Riane D 摄，2021）

---

[1]　在布朗族的传说里，燕子是给他们找来茅草的动物，所以布朗族人民建了新房要和燕子分享。

3．"对开叶"脊饰

在芒景村，布朗族民居垂脊位置被装饰成"对开叶"形状（图2-5），代表茶叶发芽之前的形状。对开叶形状不仅给房子增添了美感，同时也具有及时排泄房顶雨水的功能，表现出布朗族是以茶叶为图腾的民族。

图 2-5　布朗族民居垂脊"对开叶"装饰

4．"达寮"

在景迈山，傣语中的"达寮"（图2-6）属于一种宗教用品，同时也是一种文化符号，被广泛用于各种祭祀活动中。它由竹篾编成"七星眼"，外观呈六边形展枝状，通常会悬挂在柱子或是门头上，也有村民将"达寮"围绕住屋挂一圈，用以辟邪。

5．石斛

芒景村的布朗族村民通常会在屋顶挑檐的两边种植石斛（图2-7）。布朗族认为石斛不仅有药用的功效，还具有辟邪功能，因此沿用至今，成为民居建筑中不可缺少的装饰。景迈山上石斛品种众多，其生命力顽强，在无人打理的情况下依然可以生长旺盛，焕发勃勃生机。石斛花开放的时候，一方面可以装饰美化房屋，另一方面可以预示农耕时节的到来。在布朗族桑康节到来时，是石斛花开放最旺盛的时候，能为节日增添不少欢快的色彩。

6．野豆和丝瓜

据芒景村村民说，野豆和丝瓜都是从深山里摘的。布朗族通常将豆角干（图2-8）挂在一楼的房梁上。在翁基寨，据访谈对象云秀介绍，以前闹饥荒的时候，老人会把干豆角磨成粉做成糊状，虽然味道不好，但可以勉强充饥。如今人们喜欢将豆角干作为装饰，这应是对以前贫困生活的回忆。将丝瓜瓤挂在门梁上晒干，可用来作洗碗工具。村民们说，晒干的丝瓜瓤（图2-9）洗碗比钢丝球还好用。

图 2-6　挂在柱子和门头上的"达寮"

图 2-7　布朗族屋顶上的石斛

图 2-8　挂在房梁上的豆角干

（Riane D 摄，2021）

7．剪纸

剪纸既可以作为宗教用品，也可以作为屋内装饰。芒景上寨玉婉家的剪纸是上新房时买来的。玉婉表示，剪纸属于布朗族传统文化的一种，她要好好学习剪纸艺术，将民族文化传承下去。

图 2-9　晒干的丝瓜瓤

（Riane D 摄，2021）

　　布朗族剪纸是用布料剪出来的类似小帘子的装饰物（图 2-10），它们被贴在每个房间的门口。据当地布朗族村民介绍，上新房的时候，房梁上会挂满剪纸，表示对祖先的尊敬，同时也代表新房顺利地建成。当然，过一段时间，村民们也会摘掉部分被毁坏的剪纸。

8．照片墙（图 2-11）

　　在布朗族村民家中，每一家的墙壁上都贴满了记录时代变迁、生活轨迹及成长经历的照片。这些照片有的是专门请摄影师拍的，有的是来村寨做调研的人为他们拍的。

图 2-10　用布料剪裁的剪纸装饰

图 2-11　房间中的照片墙

（Riane D 摄，2021）

　　在芒景上寨的玉婉家，有两张体现十年变迁的照片是一个做调研的学者拍的，记录了老房子、新房子，以及玉婉一家四口人成长的变化。在翁基寨的云秀家，有一张她儿子小时候的照片，背景是邻居家的房子，如今，邻居家的房子已经翻盖了。

　　翁基寨的旅游业发展得比较好，住屋里的装饰也比芒景上寨、芒景下寨、芒洪寨等丰富。有些家的门口挂有牛头、蜂巢块、玉米、木质弓箭等，有些装饰品也被作为当地的特产卖给游客。各家各户一楼的茶室都装修精美，围栏也是经过精心雕琢的，或以形状各异的木头围成的（图2-12），不仅美观，还能吸引游客。

（二）景迈村傣族民居的建筑文化符号

1．牛角

　　景迈村傣族民居屋顶上的牛角标志物，分为黄牛角（图2-13）和水牛角两种造型。景迈村除班改寨傣族屋顶是水牛角脊饰以外，其余傣族村寨的屋顶都是黄牛角脊饰。傣族人认为，黄牛会任劳任怨地帮助人们做农活，它是人类的好伙伴，所以修建房屋时把黄牛角造型的脊饰放在屋顶：一是表示他们对黄牛的喜爱；二是希望房子像黄牛角一样坚不可摧；三是体现自己本民族的特色。据说，傣族村落现在看到的大部分的牛角造型都是由一位退休的老师傅（会计）设计的，图2-14为老师傅亲手绘制的牛角图案。如今，村民的生活水平提高了，他们也会花钱专门请西双版纳的师傅设计屋顶的牛角造

图2-12　翁基寨一楼茶室窗棂装饰

图2-13　景迈村勐本寨的黄牛角脊饰
（Riane D 摄，2021）

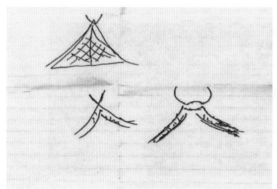
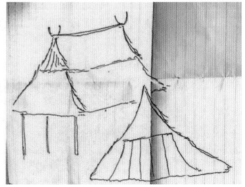

图2-14　手绘傣族黄牛角图案

型，其样式更加精美。

班改寨由于是水傣居住的村寨，屋顶上是水牛角脊饰（图2-15）。这与班改寨的历史传说有关。傣语中"班"为牛棚，"改"为水牛，民间传说，班改寨水源丰富且十分宜居，傣族公主让班改寨的村民专门饲养水牛。水牛角与黄牛角屋顶脊饰的不同之处在于，水牛角比黄牛角更健硕一些，牛角下面会有两片瓦或者一片瓦代表牛头，同时也压着牛角，以防止其被风吹落。

2．孔雀尾造型

傣族建筑屋顶的挑檐十分醒目，呈孔雀尾造型。孔雀是傣族人民心中的吉祥鸟，象征着家庭和睦、幸福。在佛寺、民居建筑中都有孔雀尾的造型。图2-16所示为传统老房子挑檐上的孔雀尾造型，其实用功能在于防雨、防风，保护屋顶。图2-17为出现于砖房挑檐上的孔雀尾造型，为整体的孔雀尾造型，其是从西双版纳借鉴的，样式新颖且逼真。有

图 2-15　班改寨屋顶的水牛角脊饰

（Riane D 摄，2021）

图 2-16　传统老房子挑檐的孔雀尾造型

图 2-17 砖房挑檐上的孔雀造型

（Riane D 摄，2021）

的孔雀尾造型还喷了金色的漆，孔雀在挑檐上栩栩如生，为傣家人看家护院。

3．傣顶

傣顶为正三角形，正上方为牛角，顶角下垂的设计一说为牛面，一说为"螃蟹脚"（一种在树龄较高的古乔木茶树上的寄生物），两个底角为孔雀。由于新建的砖房整体比较高，做这种三角傣顶可以降低房屋的高度，同时可以起到稳固房屋结构的作用。随着人们经济收入的提高，如今越来越多的民居建筑选择做多重三角形的傣顶，其样式更加精美。有的傣顶可以通风，有的是封闭式的，只起装饰作用。每家住屋的傣顶少的有3～4个，多的有7～8个。有的住屋楼梯处也做多重小型傣顶（图 2-18），其美轮美奂，造型各异，为楼梯遮风挡雨。

4．石斛（图 2-19）

石斛在傣族的村寨中很少被种在屋顶上。对傣族人民来说，石斛是一种花，也是一种药材，还可以被当作食物。因石斛在景迈山有 20 多个种类，且成活率高、长得漂亮、花期又长，所以傣族村民房前屋后都普遍栽种它。

图 2-18 楼梯处的多重小型傣顶

图 2-19 傣族院落中的石斛

（Riane D 摄，2021）

5."达寮"

傣族家里如果有人去世的话，一定要做"达寮"悬挂于房梁上，如果家里有新生儿，还要将"达寮"与仙人掌捆绑在一起拴在门头上（图2-20）。据村民说，上新房的时候要到佛寺请佛爷写经文，回家把经文和"达寮"包在一起悬挂在门头，同时也有村民把很多"达寮"串在一起绕房屋一周（图2-21）。

图 2-20　门头上的"达寮"

图 2-21　傣族民居周围的"达寮"

6.芭蕉

芭蕉树是傣族的一种特色植物，在傣族村寨房前屋后都会种植，很多傣族人家会把芭蕉果实挂在房梁上，防止被猫、老鼠啃咬。芭蕉挂起来还表示"五谷丰登"的意思，象征着傣族人民的勤劳。如今，芭蕉已成为建筑的装饰品。

7.仙人掌

仙人掌一般种植在院落的一角（图2-22），其体形硕大，作为植物，具有观赏、美化环境和药用的价值。仙人掌还可以作为宗教用品，通常挂于门头或是墙上，用于驱鬼。

8.方布经文

方布经文属于宗教用品，通常是在建新房时请寺庙的佛爷或者安章[①]将经文抄写于方形布上。若是传统干栏式建筑，方布经文通常被贴在柱子上（图2-23）；若是砖房，

图 2-22　傣族房屋周围的仙人掌

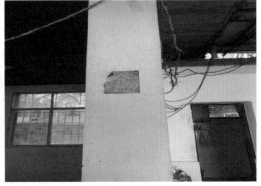

图 2-23　傣族民居客厅墙壁上的方布经文

---

① 傣族村寨的宗教人士。

方布经文则被贴在住屋客厅的四周。

9．剪纸

剪纸作为宗教用品，建新房的时候，可贴在神柱旁边的墙上。芒景村布朗族的剪纸（图 2-24）一般多是自家做的，或者请村里人做的，材料为布料，景迈村傣族的剪纸多数是从景洪市买来的，材料为纸，颜色艳丽、样式精美，由于被放在砖房里，保存得比较好。

10．野豆、酸角和冬瓜

景迈村傣族人家的野豆、酸角和冬瓜一般垂挂在屋檐下（图 2-25），寓意一年五谷丰登、风调雨顺。

图 2-24　芒景村傣族的剪纸　　　　图 2-25　垂挂在屋檐的野豆、酸角和冬瓜

11．葫芦挂饰

葫芦挂饰（图 2-26）在傣族村寨中比较常见，有的人家把葫芦悬挂于门头，用于趋吉避凶。

图 2-26　葫芦挂饰

（Riane D 摄，2021）

12．照片墙

傣族村寨每一家都有照片墙（图 2-27），通常贴旅游、建新房、结婚、新生儿百天等时的照片。从拍摄照片的时间和地点可以看出时代的变迁与村民整体生活水平的提高，一些老年人也会补拍结婚照。如今，茶叶生意越来越好，村民们也会去全国各地旅游。

图 2-27　傣族人家的照片墙

13．丰富多彩的现代装饰物

芒埂寨和勐本寨的住屋的现代装饰物比较多（图 2-28），这里的年轻人经常会到外地参加茶叶博览会，拓展茶叶销售市场。他们见多识广，也会从外地带回一些自己喜欢的装饰物，如精美的鸟巢灯饰、单车轮胎装饰等，样式十分丰富。

图 2-28　丰富多彩的现代装饰物

14．象脚鼓

在傣族民居建筑中，有些人家会把小的象脚鼓挂在横梁上作装饰。象脚鼓是傣族重要的民间打击乐器，深受傣族人民的喜爱，广泛用于歌舞、傣戏的伴奏中。这类装饰一般不会挂在卧室里，而是挂在茶室或者客厅等招待客人的地方。当地人认为象脚鼓代表傣族的文化特色，因此将其做成装饰品供客人观赏。

15．掌子种菜

掌子（晒台），在傣族干栏式建筑中是一个必不可少的空间。在景迈山傣族传统民居建筑中，村民们大都会在掌子上摆上一些塑料盆、土罐等器皿来种菜。掌子种菜实际上是当地人的传统生活习惯之一。在当今，傣族村民也会把竹子掏空在中间放土来种菜，而现在大多是用盆或者罐子装土来种菜，它已经成为当地民居建筑中的特色装饰之一。种植的菜都是易于成活的青菜、辣椒、小葱等。究其原因，一方面是村民的生活所需，另一方面也是为了美化环境。

（三）笼蚌寨哈尼族民居的建筑文化符号

1．屋脊"×"造型

与傣族、布朗族等民族不同的是，哈尼族民居的屋顶只有一个简单的"×"造型（图 2-29）。"×"造型位于屋脊的两侧，由屋顶支架自然交叉而成，可起到固定房屋框架的作用。当地村民们认为屋顶的"×"造型比较美观，所以也有一定的装饰作用。这种颇具原始风格的造型并没有演变为傣族的屋顶牛角或布朗族屋顶的茶叶造型。

图 2-29　笼蚌寨哈尼族村屋脊的"×"造型
（Riane D 摄，2021）

2．鸡毛装饰

笼蚌寨是景迈山上唯一的哈尼族聚集地，这里的村民偏爱养鸡，养鸡可以获取鸡脖颈上的羽毛。光鲜亮丽的鸡毛通过染色后，可以成为女人们炫耀美丽的装饰品。遇到村里过节日时，哈尼族还会把鸡毛挂在屋檐下作装饰品。

3．野豆

笼蚌寨村民的房梁上也会悬挂野豆。村民李自学说，他小时候会把野豆里面的豆角拿出来和小伙伴们踢着玩。他还展示了如何踢豆角，十分有趣。如今，上山劳动时，村民也会捡野豆拿回家来挂在房梁或者门口处，以装饰房屋。

（四）老酒房寨汉族民居的建筑文化符号

1．汉族装饰品

由于老酒房寨是汉族村寨，住屋内外的装饰品没有少数民族丰富。其中，最具代表性的汉族装饰品为门外贴的对联（图 2-30）。

2．茶叶符号

老酒房寨以茶叶种植、生产为主要生计来源，因此房屋的屋檐、挑檐也有茶叶的造型。

3．吸收其他民族的文化符号

除以上两种文化符号以外，老酒房寨还吸收了来此居住的其他民族的文化符号。

村寨中有几户人家因为家里有傣族成员，屋顶即制作了傣顶与牛角脊饰。有布朗族成员的人家，住屋往往也会悬挂"达寮"和仙人掌。曾军林家位于村口，她的曾母是布朗族，家中依然保留了一些布朗族的文化符号，如挂在门头的"达寮"和仙人掌。

村口一位曾姓傣族妇女的娘家是景迈大寨

图 2-30　老酒房寨汉族民居建筑门外的对联

的，她嫁到了湖南永州，丈夫是汉族，后来因为孙子要回云南读书，遂一家人返回云南老家，来到距离景迈大寨不远的老酒房寨买地盖房。她家新盖的茶室装修精美，屋顶的傣顶、牛角脊饰十分具有傣族的特色。她说，在老酒房寨的傣、汉通婚的家庭一般都会在屋顶或者大门处装饰牛角、孔雀尾（图 2-31），以彰显傣族的身份。

图 2-31　老酒房寨汉族民居屋顶上的牛角、孔雀尾脊饰

（五）南座寨佤族民居的建筑文化符号

佤族是一个崇拜水牛的民族，视牛头为财力的代表，他们认为只有牛头才能祭天、

祭地、祭鬼神。

1. 屋脊的牛角造型

南座寨佤族民居建筑的屋顶牛角造型是水牛角（图2-32），用水泥制成，近些年新盖房屋的屋脊牛角造型较为仿真（图2-33）。有些房屋的挑檐也做了水牛角的造型，极具民族文化特色。

图 2-32　南座寨屋脊水牛角造型

图 2-33　南座寨屋脊仿真型水牛头造型

（Riane D 摄，2021）

2. 随处可见的水牛角

在南座寨，随处都能见到水牛角的造型（图2-34）。村寨路边的垃圾桶桶盖、晒茶棚的门顶上都有水牛角的装饰。在路口处，村民们还用外形似水牛角的树杈作为方向标（图2-35）。

图 2-34　南座寨随处可见的水牛角造型

图 2-35 路口处用外形似水牛角的树杈作为方向标

村民王玉玲家的掌子一角摆放着一些水牛角造型的木头，王玉玲说这是从山上捡来的，水牛角是佤族的标志，水牛的形象一直印在他们的心中。在她家，还有手工缝制的佤族布包和桌布，都是他们亲手做的，工艺精美。据王玉玲说，村里的妇女在闲暇时都会做这种手工包包以及缝制佤族的服装卖给游客。这些制作非常耗时，充分体现出佤族妇女的勤劳。

五、景迈山建筑文化的价值

景迈山的传统建筑主要有民居建筑与宗教建筑两大类型，因其悠久的历史而具有保存历史信息的价值。目前，景迈山的一部分传统建筑已被认定为文物。

景迈山 2013 年被国务院公布为第七批全国重点文物保护单位。2017 年 9 月，云南省人民政府公布实施《景迈古茶园文物保护规划》，景迈山 14 个村落被确定为传统村落，其中翁基寨、糯岗老寨、芒景上寨、芒景下寨、芒洪寨已被列入全国重点文物保护单位、省级文物保护单位集中成片传统村落。传统村落中认定为文物的有传统民居建筑 365 座和宗教建筑 5 座。传统民居（木构干栏式建筑）建筑中包括翁基寨 49 座、糯岗寨 79 座、芒景上寨 37 座、芒景下寨 15 座、芒洪寨 60 座、翁洼寨 48 座、勐本寨 11 座、景迈大寨 21 座、班改寨 33 座、笼蚌寨 2 座、南座寨 8 座、那耐寨 2 座（国家文物局，2020）。

传统建筑具有文物的特征性。文物是人类在社会活动中遗留下来的具有历史、艺术、科学价值的遗物和遗迹，是人类宝贵的历史文化遗产，它的基本特征是：第一，必须由人类创造，或者与人类活动有关；第二，已经成为历史的过去，不可能再重新创造。人类历史、社会生活的所有方面，都会通过文物来储存信息，展示特色；反过来，文物因其所储存和携带着人类历史创造的结晶和信息，而具有全方位的社会价值。从文明的形态上看，文明可分为经济文明、政治文明、文化文明、社会文明和生态文明；从价值形态上看，文物也就相应地蕴含着经济、政治、文化、社会和生态价值。

传统村落中的历史建筑，大多数能够作为一个地方唯一或是十分重要的建筑文化象征，有的甚至已成为当地的地标和名片，其反映了整个村落乃至一定区域的发展历程。它们不仅承载着历史考古、文献资料及美学艺术等信息，还见证了农耕文明这种特殊的文化形式，饱含着中华民族的历史记忆和生产生活的智慧。因此，景迈山的建筑文化价值体现在以下六个层面。

（一）历史文化价值

"历史文化价值是指历史建筑作为历史见证的价值，以及由于在历史建筑上体现出的地区文化、民族文化和宗教文化的特征所具有的价值，由自然、景观、环境等所赋予的文化内涵所具有的价值，与非物质文化遗产相关而具有的价值。"（戚梦娜 等，2020）历史文化价值也称为"文物价值"，每一件文物都是历史上一个特定时期政治、经济、文化的见证，是一种综合历史信息的载体，同时又是不可再生、不能重新创造的物品，体现出历史肩负的沧桑和珍稀的特性。

"传统村落的历史文化价值是古村落的核心价值，是不可被仿造的珍贵遗产，同时也是古村落保护的重要内容。在'景迈古茶园'传统村落的保护修缮过程中，若是失去了核心价值，传统村落的保护将变得毫无意义，只能成为古代遗址，依附于传统村落的其他价值也会消失。"（崔芳芳 等，2017）因而，历史文化价值包括以下几个方面。

1．史料价值

历史建筑作为无文字的史书，记载和见证了重要的历史时刻和事件，可供后人了解、研究和传承。干栏式建筑见证了景迈山各民族定居于此后，不断适应环境、改造自然，形成适合于居住的建筑形式的历史。历史遗迹所包含的神话故事、风俗传说等，记载了景迈山各民族与自然和谐相处的历史，具有较高的历史价值。

景迈山的宗教建筑见证了佛教传入景迈山的历史。芒洪寨八角塔是佛教传入景迈山的见证，它是布朗族地区最珍贵、最具有历史价值的文物。塔内库存经书数十类、数千册，是重要的宗教史料。其他各村寨的佛寺建筑，同样见证了佛教在景迈山传入与发展的历史。自南传佛教传入至20世纪60年代，芒景村、景迈村共建十余座佛寺。年代最久的佛寺是芒埂佛寺，勐本佛寺已成为景迈山最高级别佛寺的重要标志，是景迈山地区佛教文化发展繁盛期的重要见证。

2．文化情感价值

文化情感即基于历史所衍生出的认同感。景迈山的传统建筑之所以保存良好，不仅仅在于当地政府所做出的努力，还在于各民族对传统建筑的认同，认同感体现于对传统生计方式的依赖，对传统生活方式的延续，对生活习俗的认可。在景迈村糯岗寨与村民的访谈中，老一辈村民表示，虽然茶叶经济让生活质量提高了很多，但他们仍然习惯日出而作、日落而息的生活，并不愿意每天在茶室等待客人上门买茶。即使经济条件允许到新寨建新房，很多人还是愿意留在老寨生活，他们要守住老房子与文化之根。因此，在外人看来，糯岗寨的经济发展稍逊翁基寨，但糯岗寨的村民并不以为然，他们认为正是因为经济发展稍缓，才使得传统村寨得以完好地保存了下来，这不能不说是一种"塞翁之福"。

（二）科技价值

文物作为人类社会历史发展进程中的物质遗存，包含着一个历史年代或特定时期的人类科技成果，如青铜器的铸造、陶器的烧制、古钱币的铸制等，它们都凝聚着古人的聪明才智，体现了当时的科学技术发展水平。古建筑是我国古代建筑活动的主要结果，是我国古代建筑技术和艺术的结晶。

干栏式建筑是一种世界著名的民族传统建筑。现如今，世界上的干栏式民居建筑随着现代化建设的加快，正在以惊人的速度消失，但在景迈山各民族建筑中，干栏式建筑仍然是民居建筑的主流。"干栏"意指建于托架之上的一种木质结构建筑，干栏式建筑的突出特点是卯隼结构，整个建筑不用一颗铁钉，全靠木楔子加固，其灵活的梁柱框架结构支撑着曲面屋顶，柱梁构成的横向系统承重全部用榫卯衔接，工艺技术相当成熟，充分体现了木构建筑的大智慧。

景迈山的佛寺、佛塔建筑也显现了高超的建筑技艺。芒洪寨八角塔古迹保护区位于耿马—澜沧地震带西侧，地震活动频繁，所处的地理环境为景迈山西南坡的一处台地之上，历经多次地质沉降和长期的风蚀等，虽出现塔体倾斜和塔身开裂的现象，但总体保存完好，体现了古人高超的建筑技艺。

（三）艺术价值

作为优秀文化遗产的传统建筑，具有较高的艺术鉴赏价值。

景迈山传统民居为干栏式建筑，民居零零落落地散布在密林深处、古茶林边，至今仍然保持着古村落建筑格局与原汁原味的建筑风格。民居为茅草屋顶或平挂瓦屋顶、下方开放的干栏式建筑形式，质朴而古雅。翁基寨，因其完整保留着布朗族的生态文化和历史传承，加上原始风貌浓郁，自然风光秀丽、民族特色突出，被誉为"千年布朗古寨"。糯岗古寨是个典型的山地傣族聚居村寨，处于一个封闭型的山坳里，四周被茂密的树林环绕着。站在高处往下看，静卧在青山绿水环抱中的整座村寨尽收眼底，一座座斜坡屋顶盖着传统挂瓦的民居，充满韵律地在山坳里排列着，黝黑的屋顶上布满了岁月的痕迹，村寨前糯岗佛寺里的金塔则给这座古老的村寨带来别样的惊艳。

由于佛寺、佛塔是布朗族、傣族生活的中心场所，是他们心目中至高无上的圣殿，所以佛教建筑艺术成了当地宝贵的文化艺术财富，反映了人民的聪明才智。

佛寺建筑体现了安定、平稳的审美特征。从建筑形式上看，佛寺整体建筑多以立三角形、宽而平的方形为主要形体，这种形体在视觉上给人一种安定感和平稳感。佛寺屋顶是大殿建筑最突出的部分。造型结构较为复杂，为重檐多坡面平瓦，呈立三角形，歇山式屋顶分坡跌落，屋面纵向分段，向两端跌落，充满了轻盈灵动之感。

佛寺建筑始终在追求美和表现美，这种美不仅体现在形式上，也体现在建筑的变化与和谐方面。变化与和谐是对整个佛寺建筑群的布局设计而言的。佛寺一般由大殿、僧舍、念经房三部分组成。佛寺四周有半截矮墙构成长方形的寺院。大殿为落地式结构，也是长方形的，坐西朝东，面积一般为四五百平方米，用两排平行木柱支撑。金、黄两色在傣族传统中代表富裕、高贵、美丽，因而被广泛运用于佛寺中。

佛塔建筑则体现了柔和安定之美。傣族佛塔的塔基多为四方形，方形表达的是一种安定的情感，每个方位设置佛盒，内刻佛像。塔刹为圆球形，犹如一串由小到大的冰糖葫芦，曲折的线条表达了一种柔和的情感。塔刹上贴有金箔，顶上有塔针直上云天。

（四）社会价值

社会价值是指传统建筑在知识的记录和传播、文化的传承和发扬、社会凝聚和共享等方面所具有的社会效益和价值。

例如，传统民居内，火塘具有强大的凝聚功能，人们的社交活动几乎都围绕着火塘进行，火塘使人心得以凝聚。现如今，民居建筑中的茶室空间部分取代了火塘的功能，成为新的社交空间，也成为人们待客聚会的地方。

佛寺、佛塔等宗教建筑也展现了社会与自然的和谐。布朗族、傣族的佛寺和佛塔，掩映于村寨之间，为古朴的村寨增添了一道绚丽的色彩。佛寺中古风浓郁的晨钟暮鼓，在现代生活的欢声笑语和马达轰隆声中，彰显了其肃穆。佛寺、佛塔建筑的内容决定了其形式的设计并不是单纯考虑实用的需要，而是为了彰显一种佛教精神，它已成为人们精神世界的容身之所。佛寺不仅是景迈山村民们赕佛的主要场地，每逢重大节日，人们还在这里聚会，载歌载舞。在佛寺，人们还可以学经识字，因此它还是重要的教育场所。

（五）信仰价值

建筑体现了信仰，是信仰的物化反映，凝聚了人们的精神寄托。在景迈山，民居建筑中的神柱，体现了祖先崇拜；茶山上的茶魂台，体现了芒景布朗族的茶魂信仰。南传佛教传入景迈山后，很快成为布朗族、傣族信仰的宗教，几乎每个村寨都有佛寺建筑，有的佛寺旁边还建有佛塔。佛寺在布朗族、傣族生活当中起着举足轻重的作用，每逢重要的宗教节日，布朗族人、傣家人都要到佛寺里赕佛。

（六）旅游经济价值

在当今社会，作为历史文化遗存，古建筑与旅游注定成为不可分割的纽带。作为一个城市甚至民族历史文化的象征，古建筑拥有多重价值和功能，如果这些价值不能被有效地向公众展示，就会出现价值缺失的现象。旅游因其特有的可娱悦大众的功能，无疑成为古建筑价值展示的首要途径。以旅游形式展现的古建筑，既能够向人们传授知识、启迪智慧、陶冶情操，还能弘扬民族文化，延续历史文脉，唤起人们的爱国热情；同时，旅游使得保护古建筑的观念日益深入人心，从而激发社会公众自发或自觉地保护古建筑的行为。

由于传统建筑是一种稀缺性资源，对人类社会经济发展具有重要的作用，其文化价值与资源价值类似，古建筑不仅宣传了文化，还能给村民带来经济收益。在传统村落保护修缮中，常常采用开发性保护（即发展旅游业），需要注意的是，这种模式需依托于历史文化价值，否则会影响旅游经济的持续发展。

　　传统建筑作为一种记载和表达历史文化、艺术形式等多重信息的综合体，保存和凝结了历史、艺术、科学等多方位、多层次的信息，给人们带来深刻的文化认同，从而产生强烈的民族归属感。同时，传统建筑所携带的技术信息能为人们带来古建筑的艺术享受，成为举世瞩目的文化遗产。

第三章
景迈山的建筑与生态

建筑是文化的载体，彰显着一个地区人类的生存状态和与自然生态的关系。在民族文化相互融合和变迁的过程中，建筑形式已不完全属于某个特定的民族，而是取长补短，人类在自然环境的变迁中通常选择最适合居住的建筑材料和建筑类型（饶明勇 等，2016）。景迈山的传统建筑是当地先民根据居住需要、自然环境、社会经济水平、技术条件和文化背景等诸多因素，产生和演变的结果。

一、景迈山的生态环境

（一）地质

元古代[①]，澜沧县属云南地槽的一部分，在接受沉积的同时，发生火山喷发，形成了巨厚的火山沉积岩，变质结果形成片岩、大理岩等岩石种类。晚期，地槽回返上升，海水退去，处于剥蚀阶段。石炭至早二叠纪，沉积了巨厚的砂页岩、碳酸盐岩。三叠纪时，山间凹地形成红色磨拉石建造。三叠纪以后，由于受造山运动的影响，地壳上升，红色砂页岩又遭剥蚀，并伴随大量的花岗岩浆活动。第三纪，全球受喜马拉雅造山运动的影响，中生代继承下来的自然地理环境发生了显著的变化。第四纪冰川时期，大量物种灭绝，而地处北回归线地带包括澜沧县的云南七个县得以保留了茶树始祖中的二世茶祖——中华木兰，其为该地区茶树的驯化和人工栽培奠定了基础。

（二）地貌

景迈山属横断山系怒山余脉临沧大雪山南支，整体呈西北—东南走向，西北高、东南低，平均海拔 1400 米，最高海拔为糯岗山 1662 米，最低海拔为南朗河谷 1100 米。

景迈山分为三个不同的地貌单元：东北部为近东西走向的白象山，其北麓分布着景迈寨、勐本寨、芒埂寨三个傣族村寨；西北为西北—东南走向的糯岗山，传统傣寨糯岗寨依山而建；南部为近南北走向的芒景山，又称哎冷山，因布朗族先民为纪念发现茶叶的部落首领帕哎冷而得名，其西麓则分布着芒景上寨、芒景下寨、芒洪寨、翁基寨、翁洼寨等五个布朗族村寨。不同的地貌单元之间保留着较好的森林，成为三片古茶林之间的天然分隔带。

（三）气象气候

景迈山所在地区属亚热带山地季风气候。年平均气温 18.4℃，夏无酷暑，冬无严寒。年降雨量为 1689.7 毫米，雨季 5~10 月的降雨量占全年降雨量的 89.5%，干季 11 月至次年 4 月的降水量仅占全年的 10.5%。年均相对湿度为 79%，年平均日照时间为 2135 小时，大于等于 10℃积温为 6200~7500℃，年无霜期为 265 天。区内雨热同季，干湿季分明，利于茶多酚、氨基酸、叶绿素的形成，而纤维素不易形成，茶叶能较长时间保持鲜嫩（国家文物局，2020）。潮湿多雾的气候形成了美丽壮观的云海（图 3-1）。

---

① 元古代：紧接在太古代之后的一个地质年代，距今 25.0 亿~8.0 亿年。

图 3-1　景迈山云海

（任维东摄，2019）

（四）水文

澜沧江水系的南朗河，自景迈山西北方向环绕遗产区北侧、东侧，在景迈山古茶林遗产区南部与环绕遗产区西侧的南朗河支流南门河交汇后汇入打洛江，最后注入澜沧江（湄公河）。南朗河平均流量为 4 立方米 / 秒，它与支流南门河将遗产区三面环绕，支流发达，不仅为遗产区提供了独特的水文系统，也使景迈山形成了相对独立的地理单元，保护了景迈山的生态环境。（国家文物局，2020）

（五）土壤

景迈山的土壤类型属赤红土壤大类，亚类有红色赤红土壤、黄色赤红土壤、紫色赤红土壤等。土壤 pH 值为 4.5～5.5，速效磷含量为 0.5 毫克 / 千克，速效硼含量为 0.5 毫克 / 千克，土壤类型非常适宜温性的普洱茶生长。

（六）生物地理分区

中国西南的横断山脉是世界生物多样性热点地区。景迈山的森林覆盖率超过了 70%，动植物种类繁多，为古茶林提供了丰富的自然生物和农业生物。古茶林的存在，也使这种生物多样性得以维护和延续。

综上所述，景迈山的总体生态环境为：平均海拔为 1450 米，属亚热带山地季风气候、降雨充足，为多雾地带。景迈山的植被多样，动植物资源丰富，尤以茶叶为盛，形成了茶林与原始森林共生共存的状貌。在纵向层面，形成了森林、茶林、传统村落、田地、河流的生态系统；在横向层面，形成了多民族交错共生的居住格局。

二、景迈山的生态系统和村落空间布局

从整体上看，景迈山的生态结构由古村落和周边的森林、茶林、河流、农田等自然环境组成，在地形地势和气候因素的影响下，形成了具有地域性的生态系统运行网络和生态景观。

（一）景迈山的生态系统

景迈山的生态系统是一个完整的复合生态系统，它以村落地域作为空间载体，将村落周围的自然环境通过物质循环、能量流动等机制，综合作用于村民的生产和生活中。景迈山的传统村落以农业和茶叶经济为基础，村民尊重自然、顺应自然，巧妙地利用自然，自给自足，其生产和生活与周围的自然环境融为一体。村落与自然环境彼此交织、相辅相成，共同维持着村落生态系统的稳定运行。景迈山的自然环境为各村落提供了食物、能源、药材等地域生态资源，村落人群通过种植、采集、养殖及其他人为的社会经济活动来获取生存的资源和能量。

景迈山的土地利用类型主要包括森林、古茶林、现代茶园、耕地和村镇建设用地等。围绕着村寨周围的空间主要由森林生态系统、茶林生态系统、水体生态系统、农田生态系统和牲畜生态系统组成，它们之间不断循环互动，共同维持着村落的可持续运行，是一个林、水、茶、农、人、畜的多元生态系统。景迈山村落生态系统运行如图 3-2 所示。

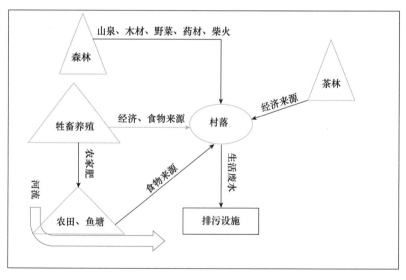

图 3-2　景迈山村落生态系统运行图

通过对村落生态资源的描述可以看出，景迈山村落的生产和生活都围绕着村里的森林、茶山、农田、河流、山泉紧密展开，这些生态资源的充分利用可以基本满足当地村民生计的需求。森林里丰富的植物资源为村民的生活提供了木材、野菜、药材、柴火等生计来源，而从森林里流下的山泉水是村寨重要的生活用水来源。农田和鱼塘分布在河畔，充分利用了水源进行灌溉，同时将养殖牲畜的粪便作为农家肥施于农田里，不仅保障了土质的环境安全性，也促进了物质的循环使用。村寨里的村民生活以森林中的植物物产、农田里种植的蔬菜和农作物、养殖的牲畜作为生活食物的来源，以茶园种植的茶叶作为经济来源。

近年来，各村寨十分注重山、水、林、田、湖、草系统的治理，严格推行退耕还林和天然林的保护政策。小田改大田的农田治理措施，促进了生态环境的保护。同时，村寨生态环境的治理力度也在加强，每个村寨都安置了垃圾篓和垃圾箱，并通过修建排污系统、统一处理垃圾、集中养殖牲畜等措施保护现有的生态资源，环境状况得到了改善，全面促进了生态环境的可持续和协调发展。

（二）景迈山的生态空间

景迈山的生态空间呈现出立体和平面两种分层景观。

1．立体分层的生态空间

从生态资源的分布看，景迈山村落整体呈现出茶园居山腰、村寨嵌入茶园中、森林居山顶、农田居山脚的立体分层的空间结构。村民按照山势地形和河流分布，对不同海拔的土地进行合理的利用，由高向低呈现出森林、古茶林、传统村落、现代茶园、旱地、水田、河流的立体景观，反映出各民族人民对自然环境合理利用的智慧。

2．平面分层的生态空间

在上千年的茶树栽种历史中，"景迈山世居民族通过将野生大叶茶树驯化、栽培，总结探索出利用森林生态系统的林下种植技术，形成了森林中开辟茶林、茶林包围村寨的'森林、茶林、村落'圈层分布的平面景观"（邹怡情，2015）（图3-3）。

（三）村寨选址、布局与生态条件

在山区地带进行村寨选址和布局，很大程度上会受到生态条件的制约，尤其是地形地势和水文资源的分布，对其都有很大的影响。

1．依山而建村寨的整体选址

布朗族和傣族先民在村寨选址上具有共同的原则，即依山而建。

（1）围绕神山而建村寨（图3-4）。布朗族和傣族先民迁徙落户，必须选定高大突兀、森林葱茏的山作为神山。神山既是神圣的宗教祭祀之地，也是村寨的水源所在，之后围绕神山会选择背山面水、坡度较缓、土质条件较好、适于种植茶树的地方建设村寨。

布朗族的神山是芒景山，为了纪念布朗首领帕哎冷，芒景山又被命名为哎冷山。芒景山中间高、四周低，北与白象山相连，东、南、西均为南朗河和南门河所环绕。芒景上寨（含芒景新寨）、芒景下寨和芒洪寨等布朗族村寨坐落在海拔1350～1450米处，背依芒景山，面向南门河，围绕神山向心布局。

图 3-3　森林、茶林、村落平面分层景观

（资料来源：国家文物局，2019. 普洱景迈山古茶林申遗文本［R］. 北京：国家文物局.）

图 3-4　围绕神山布局的布朗族村寨

（资料来源：国家文物局，2019. 普洱景迈山古茶林申遗文本［R］. 北京：国家文物局.）

景迈山的傣族将白象山作为神山，在神山前利用开阔的地方建设村寨。由于白象山由西北向东南呈条带状延伸，而其北麓坡度较缓，又靠近南朗河，因此芒埂寨、勐本寨、景迈大寨和糯岗寨等村寨呈条带状分布在白象山北麓 1400～1600 米海拔地区，朝向较好的南麓则留作生产用地。

　　（2）居住山腰的芒景村。芒景村的 5 个布朗族村寨较为集中，且整齐地分布在芒景山南麓的山腰处，海拔大约在 1300 米，都位于向阳的山坡台地。沿着乡道自西北向东南依次分布的是翁洼寨、翁基寨、芒景上寨、芒景下寨和芒洪寨。

　　布朗族有句谚语："低洼处太阳照不到，山梁子取水又艰难。"在寨址选择中，水源和阳光是确定寨址需重点考虑的因素。由于景迈山常年多雨、多雾的湿热气候，选择山腰而居体现了人类对生态环境的主动适应。一方面，考虑到山顶森林中的山泉能够为村寨提供生活用水，山脚的河流能提供生产灌溉；另一方面，山腰气候凉爽，避开了河谷酷热的气候和瘴气等。在布朗族人口不断增长的今天，由于分户的需要，村寨也会重新选择一片开阔地域作为新寨的地址，一般都会选择原有村寨的北侧或南侧的空地，且围绕着旧村寨而建。

　　（3）山腰、山坳处的景迈村。景迈村由于居住的民族包括傣族、哈尼族、佤族和汉族，下辖的区域较大，如笼蚌寨和芒埂寨相距 17 公里，所以各村寨选址都不相同。景迈大寨是明显的山腰地形，而其余的基本分布在地势较为平缓的山坳处和周围的斜坡上，当地人称为坝子或者洼子。

　　景迈大寨、勐本寨、芒埂寨和老酒房寨分布在白象山的北麓。景迈大寨位于山腰的中心地带，村落沿道路两侧分布。芒埂寨位于山麓处，南依茶山景秀山，西临金水塘，东面为入寨的主要干道，村寨下方六七公里处有南朗河，流经农田区域。芒埂寨地形复杂，坡度变化较大，村寨内道路随着地势蜿蜒分布，房屋也随其自由式分布。勐本寨择址于山顶脊背缓冲地带的斜坡上，居高向阳，背靠茶山，与芒埂寨相邻，其坡度较陡，在山体地势环境中，随坡开垦，依山建屋，百余民居随山势高低错落而建，坐落于坡地和平坝间。老酒房寨则位于山坳处朝南向阳的方位，符合汉族民居的方位选择。老酒房寨中有大箐沟流经，村里灌溉水源充足，水田和鱼塘围绕村寨分布，离村寨较近的是菜地和种玉米的旱地。

　　糯岗寨、班改寨、笼蚌寨和南座寨分布在糯岗山上的山坳处和周围的斜坡上。糯岗老寨平均海拔 1450 米，选址于山坳两山间的低洼处，村寨围绕佛寺和寨心呈典型的向心式布局。糯岗河通过糯岗大桥流经村寨外围，两边茶山围绕着村寨呈坝子形状。班改寨所在区域属于坝区，四周环山。民居建筑从坝底到山腰依山分布，富有纵深感，与山体山势环境协调统一。班改寨以大榕树为界分为新寨和老寨，建立新寨的一个原因是村民分家需要新地，另一个原因是老寨的住屋处于陡坡崎岖处，新寨选址时尽量避开了坡度陡峭的地势，并保护现有的生态资源。

2．围绕茶山而建村寨

　　景迈山的先民无论到哪里定居，都会在那里种茶，即先选定茶地，再确定寨址。布朗族与傣族的村寨几乎都是镶嵌在茶林中的。先民们定居景迈山后，在村落周围开垦茶林，并结合白象山、芒景山两座不同走向的山，在古茶林周围保留原始的森林作为防风、防病虫害的隔离带。如今，在经济条件不断提高的情况下，茶林面积随着村落的发展、村寨数量的增长也逐渐扩大。

3．特殊的象山布局

芒景布朗族先民选择寨址创造了特殊的象山布局。芒景布朗族村寨中翁洼寨、翁基寨、芒景上寨、芒景下寨、芒洪寨5处村寨围绕神山芒景山而建，根据地貌的起伏，以大象形状分布于山体的周边。近似南北走向的芒景山北高南低，南部芒洪、芒景一带山形宽阔敦厚，犹如大象的臀部和背部；北部的翁基、翁洼一带山形细小，恰如大象的头部和鼻子。大象在布朗族是吉祥和富裕的象征，布朗族先民在这土地上选择象鼻、象首、象背和象臀分别建设了翁洼、翁基、芒景和芒洪等村寨，显示了高超的选址智慧。

4．水资源对村落布局的影响

对于居住在山地区域的村寨来说，水资源与村寨的生存息息相关。在景迈山上，水资源对村寨的选址和布局有着重要的影响，其重要性不仅体现在村寨的迁徙历史和村寨的名称中，其灌溉用水和生活用水的来源和分布也影响了村寨的整体布局。从整体上看，景迈山上的村寨一般都位于存储生活用水的水池和水井的下方，即位于灌溉用水流经区域的上方，部分村寨内部还有小河流过。

（1）村寨名与景迈山的水资源。在景迈山的十几个村寨中，部分村寨因水得名，解析其背后的含义和民间传说可以发现，在最初建寨的时候选择该地都是有水资源的缘故。部分村寨是经过几次搬迁以后才在现在的景迈山上定居，其搬迁的原因也是该地水源充足、自然灾害较少。

糯岗——鹿饮水的地方。"糯岗"在傣语中是指鹿停下来喝水的地方，"糯"是指水、水塘，"岗"是指马鹿。相传，德宏的二王子为了生存，带着子民沿澜沧江一带迁徙，寻找合适的居住地。有一天，二王子带着猎手出去打猎，看到一只马鹿便去追，追了七天七夜，马鹿口渴了来到一条小溪边，二王子和猎手正准备射杀，突然，马鹿头上出现了九道光芒，然后就消失不见了。信仰南传佛教的二王子告诉子民，这只马鹿是一只神鹿，它停下喝水并且神秘消失的地方曾经是佛祖来过留下佛迹的地方，这说明了这个地方是块宝地，是受到佛祖保佑的地方。于是，他们就在这里安营扎寨，定居下来。

翁基——住在出水处的寨子。在布朗语中，"翁"为出水，"基"为居住地，"翁基"一词意为住在出水处的村子。关于翁基立寨，有人说是择水箐密布处而居。

芒埂——萨迪井和金水塘的传说。在芒埂寨广为流传的是萨迪井和金水塘的传说故事。"萨迪"为傣语发音，意为"神佛"。传说芒埂建寨时曾搬迁三次，但村中灾祸频发。云游到此的佛爷说"水是万物之源，水能生气，气能养地，地养万物"，于是佛爷向南戳出一个水塘称为"金水塘"，向东戳出一股清泉称为"萨迪井"，金水塘和萨迪井给村民带来了幸福和安康，芒埂寨也再没有受过灾难的影响。

南座——冬青叶包的水。"南座"是傣语名，"南"是指水，"南座"是指冬青叶包的水。传说在很久以前，七仙女和帕哎冷一起赶集回来，帕哎冷口渴了，于是七仙女就用冬青叶包成一个角用来装水给他喝，他喝完了水，把冬青叶角和剩下的水丢在了身后，于是这些水就变成了现在的山泉水。南座寨有一口水井，是村寨主要的水源地。据当地人说，南座寨围绕着水井先后经历了三次搬迁，但始终都是以这口水井为中心。每一次搬迁都会离水井更近一些。从"南座"名称的含义和迁移历史可以看出，水资源对于南座寨选址具有重要的意义。

笼蚌——从帕乃养迁来的哈尼族。"笼蚌"是傣语，意思为茂密的森林中有一处四季出水的地方，据说是麂子、马鹿长年到访饮水的地方。从笼蚌的建寨历史看，最开始的笼蚌祖先居住在帕乃养，与现在的笼蚌所在地相距 10 公里左右，隔着南朗河。当时哈尼族先民在帕乃养种地生活的时候，不断开垦山地时发现河对岸的土地更肥沃、水源更充足，用当地老人的话讲，就是山水好、地肥，所以就搬过去。100 多年前，人们建起了现在的笼蚌老寨。1941 年，当地人认为老寨生活条件不好，又搬迁到了现在的笼蚌新寨。

（2）水源对村寨布局的影响。景迈山上水资源的利用主要体现在农业灌溉用水和生活用水两部分。每个村寨因为拥有的水资源不同，所使用的水源不同，村寨与水源地的位置和布局也不同。

① 农业灌溉用水在村寨中的分布。景迈山上的农业灌溉水源主要是南门河和南朗河，其他流经村寨的南翁把箐河、南回弄河和糯岗箐河的流域面积较小，水量也较小。芒景村的灌溉用水主要是南门河，景迈村的灌溉用水则是南朗河，两条河都是从距离村寨下方五六公里的位置流过。根据流经河流的区域大小，水田和旱田的种植面积不等，整体上看，村寨位于灌溉水源的上方。

景迈山上距离灌溉水源最近的是班改寨，南门河从村寨的坝子周边流过，因此班改寨也是景迈山上唯一的水傣寨。截至 2011 年底，班改寨全村耕田有效灌溉面积为 534 亩（1 亩 ≈ 666.7 平方米 ≈ 0.06 667 公顷）。由于河流资源丰富，班改寨还是当地的稻田综合种养试验示范基地，并且在稻田中发展稻田养鱼。班改寨的水稻产量在整个惠民镇最高，质量也最好。用当地人的话说："有水的地方就有田，我们不种地只种田。"

② 生活用水的来源和分布。景迈山上村寨的生活用水来源主要有山上的山泉、外来水源和自然出水的井水三部分。

a. 山泉水作为主要水源的村寨布局。山泉水作为主要水源的用水情况分为以下几种：一是饮用水使用寨内的泉水，其他生活用水使用外来水源；二是饮用水和其他生活用水都使用寨内泉水和外来水源，不做区分；三是平时使用寨内泉水，到旱季水量不够时再使用外来水源。这类村寨会尽量靠近村内水源（泉水）而居，但水源对村寨布局影响不是很大。

b. 外来水源作为支持的村寨布局。这类村寨基本不受水资源分布的影响，通过在山上修建水库、村寨内修建水池储水等方式，连接水管把水引流到各家各户，大大提高了村民用水的便利性，村民们也就不必再逐水而居了，寨内民居呈现带状散点分布模式。

c. 井水作为主要水源的村寨布局。使用井水的村寨，村寨布局受到井水分布的影响较大，水源地的位置将直接影响人们用水的方便程度和生产效率，所以人们基本围绕水井而居。目前完全使用井水的村寨有南座寨和老酒房寨，基本能满足生活用水的需求，但在旱季时也需要引用外来水源。

例如，老酒房寨的村头有一口水井（图 3-5），现在在水井上方修筑了葫芦状的储水池。基于水源的位置，老酒房寨建立于井水下方的山坳处，全寨民居建筑的海拔都基本低于井水出水口的海拔，这样能保证将水顺利地引入各家各户。南座寨的水井（图 3-6）位于村寨

图 3-5　老酒房寨的水井

图 3-6　南座寨的水井

的中心，15 户人家位于水井的上方，15 户人家位于水井的下方。位于海拔低于水井处的人家可以直接连通水管引水入户，位于海拔高于水井处的村民则需要自行到水井处挑水。

5．村民绘制的村落生态图

村民绘制的村落生态图，虽然图形各有差异，内容侧重也不同，但其中还是体现了生态资源对于村寨的重要性。在调研中搜集的村落生态图主要包括以下几个村寨：芒景村的芒景下寨（图 3-7）、芒景上寨（图 3-8）、翁基寨（图 3-9 和图 3-10）和芒洪寨（图 3-11），景迈村的糯岗寨（图 3-12）和景迈大寨（图 3-13）。

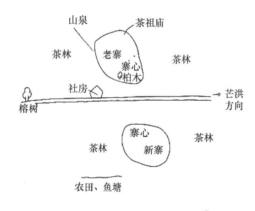

图 3-7　芒景下寨村落生态图 [1]

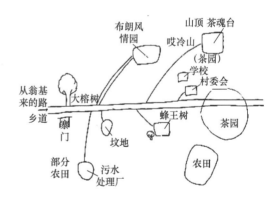

图 3-8　芒景上寨村落生态图

尽管不同的手绘生态图中呈现的重点不同，呈现方式也各有特点，但是里面都包含了茶林和农田等重要的生态元素，大部分图对水源、山泉和水池进行了标注，部分图中标注了佛寺、寨门、寨心等重要的公共空间，还有的村落生态图中标注了大榕树、菩提

---

[1]　图 3-7～图 3-13 的村落生态图均由当地村民所画（部分在他们口述下引导完成），画图人依次为陶琳（女，34 岁，芒景下寨）、岩能（男，芒景上寨）、扎约（男，30 岁，翁基寨）、岩选（男，23 岁，翁基寨）、张晓明（男，35 岁，芒洪寨）、月共勇（女，18 岁，糯岗寨）、叶岩嫩（女，26 岁，景迈大寨）。

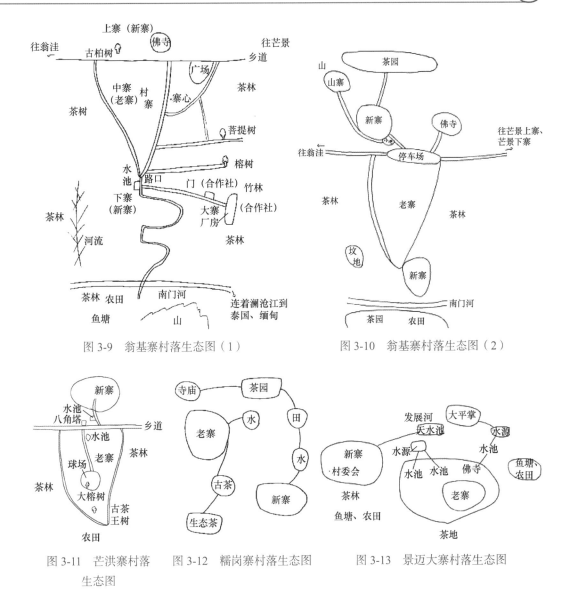

图 3-9　翁基寨村落生态图（1）

图 3-10　翁基寨村落生态图（2）

图 3-11　芒洪寨村落
生态图

图 3-12　糯岗寨村落生态图

图 3-13　景迈大寨村落生态图

树、古茶王树、蜂王树等具有特色的村寨内的古树。通过比较这些村落生态图，可以看出景迈山村民观念中的村落布局，也能看出周围生态资源的分布对他们生产和生活产生的重要影响。

三、景迈山的茶—生态—空间

在景迈山，最具代表性的古茶林为芒景村的芒景山古茶林和景迈村的大平掌古茶林。茶是景迈山重要的生态资源，也是当地村民主要的经济来源，当地村民在种植茶树、加工茶叶和在茶室内饮茶、售茶中展现了其特有的生态伦理和生态智慧。

（一）茶林

1．适宜茶树生长的环境与气候

景迈山全年降雨量较大，常年多雾，年平均气温在 20℃左右的亚热带气候能满足茶树喜温、喜湿、喜酸、耐阴、怕碱的特性，加之景迈山茶民将茶树种植在酸性土壤及森林中，茶树能获得生长所需的自然环境条件。景迈山的气候条件中对于茶树生长最为有利的因素是多雾，多雾的气候使山中的空气相对湿度较大，散射光较多，故茶树可健康生长。曾有诗句描绘景迈山的雾气，"层层素雾透春光，碧叶青尖吐郁芳"。

2．茶林中的生态伦理

景迈山上的布朗族和傣族以茶为生，对茶林和茶树都十分爱护和珍惜。芒景村的布朗族在芒景山上建有茶魂台和茶祖庙，每片茶林里中都有茶魂树。景迈村的傣族在大平掌山上还建有茶魂光塔，每片茶林里都有茶王树。这中间虽然有一些差异，但都体现了当地村民崇敬和感激自然的生态伦理。

以芒景村为例，在布朗族的生态观念中，要像爱护自己的生命一样爱护自然、尊敬自然，像保护自己的眼睛一样保护"千年万亩古茶林"，他们把古茶林当作自己的"衣食之靠、财富之源"。这些观念在和当地人的访谈中一次次被提起，不论是村委会主任、乡村老者、文化传承人，还是普通的村民。在布朗族的《帕哎冷赞歌》中曾写道："我（帕哎冷）要给你们留下牛马，怕遭自然灾害死光；要留给你们金银财富，你们也会吃光，就给你们留下茶树吧，让子孙后代取之不尽、用之不竭，你们要像爱护眼睛一样爱护茶树。"（苏国文，2009）

芒景山的山顶上有布朗族的茶魂台，在桑康节祭祀茶祖的时候，佛爷在台前念经，人们点燃蜡条在后面祭拜，对赋予他们生存和希望的古老茶山进行膜拜，以表达布朗族对大自然的崇敬和对古老茶山的感激。布朗族人民深信，在茶魂的身上有着人和神的灵性，因此他们呼唤茶魂，祭拜茶魂，祈求茶祖帕哎冷保佑人们的生活幸福安康，在新的一年风调雨顺，五谷丰登，茶叶丰收（刘晓程 等，2018）。每户茶农的茶林里都有一棵高大的茶魂树，树干上捆绑着用竹篾编成的三角形"温呑"，用来盛放祭祀品。在每年开始茶叶采摘的时候，村民们会前来祭祀，以求当年茶叶丰收。

3．茶林中的生态实践与智慧

景迈山居住的村民，在茶林生态的实践和保护中充分展现了他们的生态智慧。

（1）复合型分层系统。根据茶树的生长习性，当地村民为了保持森林和茶林的生态系统，在茶林空间层面，使茶林内部呈现出乔木层、灌木层、草本层的复合分层空间体系，形成"远看是森林、近看是茶园"的自然景观。高大的乔木在高处可以为茶树挡光，保证茶树湿润阴凉的生长环境，而低矮的灌木丛又可以为茶树生长提供所需的养分。

（2）生态茶改造。1966 年，澜沧县在景迈山曾举办了茶叶培训班，形成了 300 亩台地茶密植茶园，开启了澜沧县发展现代茶产业的新模式，其中培育、输出了一批又一批种茶专业人士。20 世纪 90 年代，澜沧县又种植台地茶 3000 亩，之后还补种了一部分台地茶，至今，景迈山生态茶园已达到近 5000 亩。从 2007 年开始，景迈山又开始实验种植稀疏留养茶园。2010年，普洱市率先在景迈山尝试此种种植模式，后在云南全省推广。在2012年的生态茶园改造中，茶农砍去了部分茶树，保证同一排茶树间距为2米，让茶树拥有足够的生长空间和通风、通气的通道，从而提高了单体植株的茶叶品质。在生态茶园中，严禁使用农药、化肥，而是通过种植绿肥植物，使用厩肥、草木灰等有机肥料，保证茶叶品质的改造和提升。这些改造措施在整体上提高了生态的协调能力。

（3）季节性适量采摘。目前景迈山上的古树茶每年只采摘春秋两季，采摘标准为两叶一芽或者三叶一芽。为了让茶树更好地休养生息，提高茶叶品质，景迈山已经不允许采摘夏季雨水茶，每个枝芽上的茶叶也不允许全部采下。

（4）茶林生态资源的保护。为保证古茶林茶质的生态性，景迈山严格规定严禁单位和个人到古茶林内采集花草树木、野生药材，捕捉鸟类及其他野生动物。在景迈大寨，山上的古茶林比较多，为了保护古茶林的生态环境和空气质量，村民对车辆进入古茶林有着严格的规定。此外，人们担心沥青路面在夏季高温时所散发的气味影响茶山的环境，景迈山的道路都采用弹石铺设。

（5）茶园养鸡。目前景迈山上的鸡不再允许在家里圈养，而是在茶林中放养。一来鸡可以以掉落的茶叶和茶花为食；二来鸡产生的粪便也可以作为茶树天然的肥料，鸡与茶树形成了一个良好的生态循环系统。

（二）晒茶棚

1.晒茶棚的通风透光设计

晒茶棚（图3-14）是茶叶加工中一个重要的空间。以前条件简陋的时候，村民都是在自家的掌子上晒茶，但现在，随着茶叶产业化的发展和生产条件的改善，几乎家家

图3-14　晒茶棚

都修建了独立的晒茶棚。通常，晒茶棚是由透明瓦或者透明塑料布修建而成，在棚顶上还安装了可以自行转动的通风设备，这样不仅可以充分利用当地的光照条件，还可以改善晒茶棚的通风条件。

2．原生态手法茶叶加工

在景迈山的部分村寨中，有些村民以直接卖鲜叶茶为主，而有些村民采用晾晒、杀青、揉捻和炒茶等手工加工技术，将鲜叶茶加工后再出售。

晒青毛茶的加工方法比较简单，主要是将采摘的鲜叶茶在室内堆放、萎凋数小时，使鲜叶茶失水柔软；然后进行手工或机械低温杀青；摊晾杀青茶叶进一步失水，再进行手工或机械揉捻茶叶，破碎茶叶的细胞壁并成形，最后通过晾晒直至茶叶干燥。在手工进行茶叶杀青中，以栗木等作为燃料，将鲜叶茶在铁锅中加热，并以一定的手法快速翻动茶叶，以免锅内温度过高；揉捻则在竹蔑制的箩筛中手工完成。据村民介绍，当天的鲜叶茶一定要当天加工完成，有时为了赶工要连夜干到第二天两三点，鲜叶茶采摘数量大的时候也会使用机械辅助加工，绝大多数时候还是以手工加工为主。

（三）茶室

1．茶室中的生态型装饰和家具

景迈山的每家每户都有自己的茶室，有的设在二楼的廊间位置，有的设在一楼，有的则单独建在住屋的旁边。不论是在茶室的门口，还是在室内，都会挂有丰富的生态型装饰，如晒干的野豆、松果和葫芦等（图3-15）。茶室内的装修和家具都以木质材料为主，如在墙壁上加几根木料作为框形用来摆放和展示茶叶，在茶室中心放置木质的茶几、茶具和竹藤椅（图3-16）等。有些茶室为了通风和采光，也会使用半截围栏，而高处采用竹条或木条镂空作为茶室墙壁的装饰。

图 3-15　茶室内部生态型装饰

图 3-16 茶室内部的家具

2．泡茶饮茶中的生态观

烤茶是景迈山布朗族、傣族特有的喝茶方式。将炭火中的火炭和茶叶放入茶壶中一起摇动翻搅，在茶叶焙香还未烤焦、烧煳之前，捡出火炭，将茶倒入陶罐中，再将甘甜的泉水烧开，加入陶罐后放在炭火上煮沸。经过炭火焙香的茶汤浓郁甜香，还能去除茶叶的寒气。在火塘边用烤茶（图 3-17）招待朋友，更是高规格的待客之礼。

景迈山的村民在泡茶饮茶中，只使用山上的泉水，而且在泡茶饮茶中也注重修身养性。正如景迈大寨村民夏依勐[①]所说："喝茶有讲究，不是随便抓来一把就可以泡的，泡的方式不同，口感也是不同的。茶是我们这儿最高级别的一个饮品，所以我们喝茶也需要在一个很干净的环境中，因此茶室的环境一般都比较好。同样一款茶，在不同的环境下喝，会有不同的味道。在这里，不管男女老少都已经养成了喝茶的习惯，成为人们日常生活的一部分。在以前，很多人都还感受不到喝茶的这种氛围，也不会讲究泡茶的方法。现在，从茶几、茶具、水各方面都开始讲究，不仅古茶的品质得到了众人的认可，用来泡茶的水也开始讲究起来，使用的都是山泉水。"

3．生态产品经营的场所

茶叶作为当地的主要生态作物已成为村民们重要的经济来源。茶业经济的发展催生了茶室的产生。现在，茶室已具有多方面的功能。

（1）展示、售卖茶叶或生态产品的经营场所。在景迈山，家家户户都以售卖茶叶为主要的生计来源。由于经营方式的不同，茶叶销售的途径也各有不同。最常见的经营方式有两种：一种是合作社经营方式，村民们根据合作社订单提供茶叶原料或加工过的茶叶；另一种是散户经营方式，自产自销。无论是哪一种方式，只要是经济条件允许的村民，都会在一楼临街处开辟一间房间作为茶室（图 3-18）。茶室中除了售卖茶叶，有的

———————————

① 访谈材料基于 2019 年 1 月 9 日对景迈大寨村民夏依勐的田野访谈。

图 3-17 景迈山芒埂寨村民周子文与仙贡
在火塘边烤茶
（任维东摄，2019）

图 3-18 景迈大寨村民夏依勐家的
"茗缘客栈"茶室

还销售野蜂蜜、泡酒、黑花生、酸笋、辣椒酱等当地的土特产品。当地的生态产品通过茶室这一媒介空间，可以远销到景迈山之外。

（2）休闲和娱乐场所。在景迈山，茶室是仅次于起居室的人们重要的活动空间，茶室兼具待客、喝茶、娱乐等功能。到访之人皆是客，景迈山的村民热情好客，茶水是最好的待客之物。在茶室里泡上一壶好茶，招待远方来的客人，与亲朋好友品茗叙旧，是当地人每天的生活常态。

四、景迈山的民居设计与生态实践

目前，在景迈山，除了老酒房寨的汉族民居以院落式的土基房和砖瓦房为主外，对于布朗族、傣族、佤族、哈尼族来说，虽然出现了使用钢筋混凝土修建的砖房，但是干栏式民居仍为主要的建筑形式。

（一）干栏式民居建筑中的生态适应

景迈山干栏式民居的建筑结构和建筑风格是由当地居住的自然环境条件决定的。

1. 干栏式民居建筑的形式与结构

景迈山上布朗族和傣族的干栏式民居建筑已经经历了五代的变迁历程[1]，目前主要分老式（图 3-19）[2]和新式（图 3-20）[3]两种，新式干栏式民居建筑与老式干栏式民居建筑相比，房屋围板的高度有所增加，房梁也加宽了，二楼层高也增加了，多了通风透光的窗户，其他的内部空间无显著的变化。

---

① 干栏式民居建筑的代际变迁历史将在本书第六章详述。

② 老式民居建筑指的是 2000 年以前的建筑。

③ 新式民居建筑指的是 2000 年以后建盖的建筑，样式与老式民居建筑相差不大，只是在体量和空间设置上出现一些差异。

图 3-19 老式干栏式民居建筑

图 3-20 新式干栏式民居建筑

传统的干栏式民居建筑一般分为分上下两层：一楼架空圈养牲畜，堆放柴火、农具等；二楼住人，室内设下沉式火塘。二楼室内分堂屋、火塘、住室三个部分，室内一般无分隔，铺设楼板；室外有前廊、掌子。房屋剖面图见图 3-21。

2．房屋内部构造与气候的适应性

景迈山干栏式民居建筑的内部构造，从重檐歇山顶的屋顶、掌子和廊间，到一楼离地和柱基的设计，都体现了防雨、防潮、遮阳、通风的建筑智慧，是与当地气候相适应和协调的体现。

重檐歇山顶的设计一来方便排泄雨水，二来有很好的遮阳的功能。景迈山当地紫外

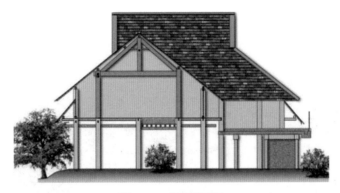

图 3-21　房屋剖面图

线辐射强度较大，特别是晴天的时候。传统的竹楼采用重檐歇山顶的形式，可减少建筑外墙面与阳光直接接触的机会。当地降雨量大，这样的屋顶设计也方便排泄雨水，不会在房顶造成积水，挑出的房檐还能很好地保护房屋下的木料免受雨淋。

廊间、掌子的设计充分利用了屋檐遮阳和二楼通风的条件。一来在房檐遮挡下，可以使人避免在阳光强烈照射下活动；二来可以更多地吸纳阳光和风，利用充沛的阳光和风晾晒农产品和衣物。

一楼架空和室内无隔间的设计，既能通风降温，又能除湿。一楼底层架空，通透的建筑外墙和楼底面，能让不同方向的空气进入室内，带走多余的湿热空气。

二楼火塘的修建则起到了夜晚保温的效果。干栏式民居建筑的墙体较薄，比较通透，建筑内部容易在夜晚失去过多的热量。当地不论是布朗族还是傣族，通常都在二楼设有火塘，通过燃烧柴火以维持室内温度，达到保温的效果。

3.因坡就形，沿山势而建

由于处于山地地形，景迈山中平地而起的民居建筑较少，因坡就形、沿山势而建的特点较为明显（图 3-22）。不论是木楼还是晒茶棚，在修建中，一层会先使用长度不等的木质柱子或者钢架将平面搭建起来，底下不规则的空间有的用于堆放杂物，有的则是裸露的土壤。有的房屋在建设中，为了先做成一块平坦的地基，会使用"包矶"（图 3-23），即用石头砌起来的基础作为建设平面，但是这样不仅费材也费时费工。在砖混结构的房屋建设中，因为沿山势而建的特征，与道路平行的楼层一般都是当地居民的二楼，一楼的空间则用来作车库或者储物室。

（二）生态资源的利用

1.乡土材料的运用

就地取材的建筑和家具原料。在最初的窝棚式和全竹式的干栏式民居建筑中，通常使用茅草或者稻草编排制成屋顶，房屋的柱、梁、墙均为竹制。现在更多的干栏式民居建筑为竹木瓦式，房屋结构全部用木料搭建，屋顶采用挂瓦，竹子只作为辅料，编制成竹篾作为墙壁和篱笆。使用竹木料建造的民居在拆除和改造中，不仅不费工、不费时，用过的木柴还可以作为做饭的柴火，或用于搭建牲畜圈。建房所用的茅草、木料和竹子都可以在就近的森林里砍伐得到，还能重复利用，体现了乡土材料的实用性和经济性。

目前建房中常使用的木料主要有红毛木、松木、梨木、香樟木，而以前建房子中更多使用的是山里的名木，如桂木、红毛木、松木、金丝楠木等，二三十年甚至更久不腐损。一些建房剩下的木料可以加工成茶几、桌子、板凳等家具。据芒洪寨的村民张晓明介绍，以前建房子，主要用红毛木和梨木做柱子，用桂花木和香樟木做木板子。现在，在班改寨佛寺附近的一家新建房里，其柱子使用的材料是桦木，楼板使用的材料是松木。

在景迈山，竹子不仅是重要的建筑材料，也是生活用品主要的材料。景迈山湿润的气候条件非常适合竹子的生长，丰富的竹子资源给当地各民族的生产生活带来了极大的方便，因此，当地对竹子材料的使用细分了很多种类。在房屋建设中，粗壮的竹子可以用来作为房柱，还能被用作楼板和横梁，细小的竹子则剖开编成竹篾作为墙壁和篱笆。在生活中，用竹子编制成的竹篾可以用来晾晒茶叶、酸菜、粮食等，还可以将竹子编织成竹凳、小桌子、箩筐、竹匾等生活用品（图3-24）。

图 3-22　因坡就形的晒茶棚和房屋

图 3-23　使用"包硫"的房屋

图 3-24　竹子编制成的竹凳、小桌子、箩筐、竹匾等生活用品

2．纯天然的房屋装饰物品

不论是布朗族还是傣族，都喜欢将山上挖来的石斛种在屋顶的角落里作为绿植装饰。石斛不仅具有观赏价值，而且石斛开花的季节刚好是春茶采收的季节，因此石斛花不仅是当地特色的生态景观，还可以冲泡在新茶中招待客人。

景迈山上居住的村民都喜欢用纯天然的物品装饰房屋，不论是在门口还是室内，都会用晒干的野豆、松果、葫芦、蜂巢、芭蕉、竹子根等作为装饰，而牛头、牛铃铛装饰物却比较少见。此外，有的村民会用山上的茅草或者竹子编织成笼子状作为灯罩进行室内装饰。调研团队在田野调查中发现，装饰种类最为丰富、装饰效果最好的是芒景村的翁基寨；装饰方面比较特别的是芒洪寨，芒洪寨中家家都会悬挂苞谷，不仅可以使收割的苞谷晾晒干燥，还能起到装饰的作用。类似的还有糯岗寨，村中习惯将新采摘的芭蕉悬挂在房屋外。据当地人介绍，高挂的芭蕉，一来可以催熟，二来可以保持屋内干净、不沾灰，三来可以防老鼠和猫侵袭，还有装饰作用。

3．对光照和太阳能资源的利用

景迈山全年光照充足，温度较高，太阳能资源丰富。当地村民除了利用充足的阳光在屋顶、晒茶棚和外面的空地里晾晒蔬菜和茶叶外，目前多安装太阳能水箱，以提供日常家用热水。有些村寨还修建了太阳能路灯。在太阳能的安装过程中，为了和没有安装太阳能的村寨有所区别，部分村寨的墙面被统一刷成了灰色；而糯岗寨为了不影响古村落整体的景观和风貌，不仅将观景台附近的太阳能设施刷成了灰色，还将水箱和集热板上面的圆柱用木质篮筐包住，只将集热板暴露在外。

（三）建筑中基于生态条件的改进措施

原有的传统干栏式民居建筑在与当地气候和地形地势的协调和适应中，已经显现了遮阳、防潮、通风等特点。由于传统干栏式民居建筑全是木质结构，因而存在很多弊端，如木质易腐、易发生火灾、不隔音、不防雨等。景迈山的村民基于景迈山的生态条件，在长年累月的实践过程中积累了丰富的经验，加之应用新技术，对现代房屋进行了一系列的改进，不仅大大增加了传统干栏式民居建筑的使用年限，还增加了房屋空间的利用率，极大地提高了当地人的居住水平和质量。

1．防虫防腐地方性经验措施

根据景迈山上常年潮湿多雨的特点，当地村民在长期的实践中掌握了使房屋用料更好地防虫和防腐的经验，这些不仅体现在木材的选择、砍伐的时间和后期的处理等方面，也与当地布朗族和傣族的传统习俗和禁忌相关。

据糯岗寨的村民介绍，木材砍伐的最佳时间应该在10～12月温度较低、较干燥的季节，此时砍伐的木材会防虫和防潮。以前建房时，为了使房屋柱子和梁防虫，最好的办法就是烧火用烟把房子熏黑，之后还有将使用前的瓦条泡水以防虫，而现在村民们通常采用直接刷漆的方式进行防虫防腐的处理。目前，糯岗寨有些民居建筑中的柱上刷的是透明漆，有的柱上刷的是黑漆。

另据班改寨的村民介绍，为了使房屋的柱子和梁防水和防虫，现在使用的木料都是先刷漆。此外，为了延长木料的使用年限，从当年的10月到次年的3月（旱季）都是砍伐木料的好时机，而且和当地傣族开门节和关门节的节日禁忌也不冲突。据说3月以后砍伐的木材容易被虫蛀，而在6~8月砍伐的木材不仅容易被虫蛀，还容易因潮湿的雨季而被注水导致腐朽。

2. 新技术下的老屋新生

芒景村翁基寨由于所处地理位置较好，加之2012年获得"中国少数民族特色村寨"的称号、2013年被列入第二批《中国传统村落名录》，其在民居建筑改造中，利用现代建筑技术完成了功能的改造和性能的提升，提升了隔音、防雨、保温等功能，在保留传统干栏式建筑特征的基础上提升了住屋的舒适性，实现了新技术下的老屋新生。

在传统干栏式民居建筑屋顶的改造中，使用太阳能热水器可以提高屋顶的利用率。为了防止瓦面破损导致漏雨，村民们在旧房的瓦条下方铺设了防雨带延伸至外墙；对挂瓦条及椽子预先做了防腐防虫的处理。在房屋墙体上，增加了装饰层，一来保持室内的洁净，二来减少热量从室内流失。在墙面和地面增置了隔音毡或者吸音棉，以减少室内噪声；同时增置了金属防鼠网，杜绝老鼠在木板上打洞的隐患。在火塘的改造上，一是增加了烟罩，二是抬高了火塘的围边，不仅降低了火灾的隐患，还使灰尘不易飞扬。

3. 新式民居中钢架瓦顶的设计

在南座寨，从2014年开始就进行民居建筑的改造。对于新建的木房，由政府出资建成了钢架瓦顶结构，目前这种样式的房屋在南座寨有5座。钢架瓦顶的房屋结构，一来节省了木料，减少了木材的损耗；二来钢架更为稳定，有更强的抗压能力，使用年限更长；三来钢架材质与木质相比，有更好的防雨功能；四来使用钢架省去了木架间相互连接和支撑的部分，使室内增加了更多的空间。

4. 化粪池和排污系统的引入

随着各村各寨生态保护意识的增强，景迈山在一些村寨里修建了化粪池和排污系统，排污系统并没有覆盖所有村寨，部分村寨还在规划和设计中。

在芒景村，排污工程项目启动落实后，目前污水管道已经覆盖连通了每家每户，翁基寨、芒景上寨、芒景下寨和芒洪寨四个村寨也修建了村内污水处理厂，且均位于村落的山下。景迈村目前只有糯岗寨建成了排污系统，但是由于当地人的生活习惯，或者是由于当初设计的不周，基本上每个村寨只有卫生间连接了排污管，厨房用水和其他生活用水的管道没有连接，因此村民依然按照原来的生活习惯将用过的脏水直接倒在村边的沟渠里。

5. 卫浴房和冲水厕所的修建

在以前的景迈山上，每家每户没有修建厕所的传统，一般村寨里只有一个公共厕所供外来人使用，而当地人主要在附近的山上和森林里如厕。目前，笼蚌寨还保留着旱厕式的公共厕所4座，而芒景村和糯岗寨的公共厕所则改建成了旅游级别的公厕。

随着生活水平的提高，加之景迈山全面引用来自发展河的水，景迈山上的村民几乎家家户户都修建了卫浴房和可冲水的厕所，产生的废水大部分通过排污管道进行处理。卫浴房和冲水厕所在住屋空间中的体现主要分为三种形式：一是在原有房屋的旁边修建；二是在二楼的掌子单独隔出一间房作为洗澡和如厕用，但这种情况比较少见；三是在新建房的一楼规划出一间作为卫浴房使用。

卫浴房和冲水厕所的修建：一是提高了当地村民的生活质量，改变了他们的卫生习惯；二是由于大部分卫浴房和冲水厕所连通了排污系统，减少了空气污染和水质污染；三是提高了房屋的功能使用率。

6. 消防设施的配备

由于景迈山的房屋绝大部分为竹木结构，防火性能差，因此现在几乎每个村寨都修建完善了消防设施。在芒景村翁基寨，几乎家家户户都配备了灭火器，村寨里的公共建筑撒拉房[①]也被作为村里的消防水站。在景迈村糯岗寨，每家都配有消防水桶和灭火器，村寨里每隔几百米就设置一个消防栓，从发展河引来的水在糯岗寨全部被用作消防用水。目前村寨里选派了三名消防员，春节到雨季来临之前，每天都有值班人员巡逻，以保障村寨里的消防安全。

五、景迈山民居建筑空间外的生态实践

（一）人畜分离后环境的改善

以往，在干栏式民居建筑木质结构的两层住屋中，一楼一般不住人，主要用来圈养牲畜，二楼才住人。受现代生态、健康、安全的人畜分离思想的影响，牲畜已与人居分开，被单独圈养在另外的场所。在景迈山，目前鸡都统一被要求在茶林中放养。虽然部分村寨还存在将鸡单独圈养在房屋旁边或搭建的隔间里的情况，但在翁基寨、笼蚌寨和勐本寨，村寨在远离居住的地方统一修建了圈养猪的场所，每家一个隔间；而其他村寨的集中圈养猪的场所也正在筹划和修建中。以翁基寨为例，2007年政府统一修建了猪圈（图3-25），每家的猪都在统一的场所进行饲养，实现了人畜分离。以前的鸡都是养在家

图 3-25 村寨边统一安置的猪圈

（Riane D 摄，2021）

---

① 撒拉房也称公房，是全寨人白天休闲娱乐的公共场所，也是年轻人晚上谈情的地方。现如今，撒拉房的这些功能已经消退，大多成为陈设。

里，2019 年村里明确规定后，各家都将鸡赶到茶林中放养，不仅解决了村寨里由于牲畜饲养造成的空气污染，以及村容村貌不干净、不整洁的问题，而且更利于把鸡粪集中作为农田耕作的肥料，且鸡放养在茶林已经自成一个循环的生态系统。虽然村里每家还有一头政府配发的牛需要饲养，但是目前都是散养在山上，山上有牛圈，牛不仅不吃茶叶，还会吃掉茶林中的杂草。

（二）观赏性植物的栽培和种植

布朗族世代喜好养花，在芒景村民居的房前屋后，几乎每家都会种植观赏植物，有的比较规范地种在专门砌起的花坛中，有的只是简单、零散地种植，有的则种在花盆里，将花盆放在屋外。芒景村主要种植的有香龙血树、桃花、朱顶红、露兜树、凤仙花等，还有可以食用的木瓜、黄瓜和树番茄等。

在景迈村，绿化植被不仅被直接种植在房前屋后，还被种植在门前的花坛里或者花盆里，主要种植的植物除了石斛，还有火龙果、鸡冠花、刺天茄、五彩苏、蜀葵、文殊兰等，还有些村民会种植蔬菜、甘蔗、美人蕉等。

与景迈村等少数民族村寨不同的是，老酒房寨的汉族村民除了在房前屋后直接把植物种在土地里外，许多村民还喜欢将植物种在花盆里，然后将花盆放在自家的院子里，其种植的品种也更为丰富，有猪屎豆、杧果、番石榴、栀子花、铁海棠、大果榕、宫廷灯笼、棒叶落地生根、鸡冠花、虎尾兰、番木瓜、绿玉树、旅人蕉等。

（三）房前屋后的菜地开发

在芒景村和景迈村，还有在房前屋后种植蔬菜的习惯。有的村民只是零星地将蔬菜种在花盆里，有的则专门在房前屋后开辟菜地，种植的种类以青菜、白菜、蚕豆、瓜等居多，也有种植葱、香菜、芹菜、辣椒等。在老酒房寨，由于集中的田地离村民居住的场所较远，所以较多的村民将村寨中间的空地开垦出来种植蔬菜。为了把灌溉水引到自家开垦的菜地里，村民一般使用切开的塑料管、竹管、石棉瓦片条和铁管引水。

从景迈山的建筑与生态关系可以看出，在形成建筑形态的众多要素中，生态环境是重要因素。不同民族因居住同一地域会呈现出相似的建筑面貌，同一民族因散居不同的地域，其建筑风貌相差甚远。在人与环境的互动中，多元的民族传统文化与多样的自然生态环境共同作用，在自然环境中造就了令人惊叹的人文景观，同时生态环境的烙印也深深地留在了各民族的文化要素之中。

景迈山干热、潮湿的气候，决定了其民居建筑基本形态在历史演变中采用了干栏式的建筑结构，一楼架空，一方面利于防潮防热，另一方面也有利于防洪或避免其他灾害。在建筑材料的使用方面，由于景迈山盛产木材、竹子、茅草等天然植物，所以，民居建筑以竹楼草顶为主，后期慢慢过渡为木质结构，是当地居民适应生态环境、利用生态资源的产物。

从村寨选址和布局来看，各民族和各村寨都受到了生态环境的重要影响。

第一，因景迈山属于山地地形，各民族只能依山而建，选取适合居住之地及适宜耕种的地域，并且各民族能各居一隅、相处和谐，显示了景迈山各民族独特的生态智慧。

少数民族先民们决定在某处定居前，先要看是否能在此种植茶树，确定能种植茶树保证基本的生计来源后，才会决定定居。

在茶山形成过程中，景迈山的少数民族首先会选择最高、最雄壮、森林最茂密的茶山作为神山，然后各村寨围绕着这座神山而建。从村落生态空间来看，景迈山村落海拔由高向低表现出森林、古茶林、传统村落、现代茶园、旱地、水田、河流的立体分层景观，在平面分层中呈现出"村寨嵌入茶林、茶林嵌入森林"的景观。

第二，水资源是景迈山各村寨考虑最多的因素。村寨必须建在水源的旁边，才能保证各村寨的生产和生活基本用水。村寨布局很大程度上受到水资源的影响和制约。

第三，茶树是景迈山重要的生态资源和当地居民的经济来源。当地居民在茶树种植、茶叶加工和茶室内饮茶、售茶中都充分体现了其特有的生态伦理和生态智慧。

第四，随着对生态保护意识的加强和对居住条件改善的需要，景迈山的村民或运用地方性经验，或利用现代新技术，在建筑空间内外进行了一系列的生态实践和改进。

从整体来看，景迈山的村民与生态、村落、茶叶间的联系和互动，体现了基于自然运用人力，又以人力激发出自然之美的生活理念，展现了生态宜居的生活方式。

第四章
景迈山的建筑与生计

何谓生计？生计的含义众多，常见的解释有以下几种。第一，生计是指生产计策，如《鬼谷子·谋篇》中有"事生谋，谋生计"一说。第二，生计是指赖以维生的产业或职业（维持生活的办法），如白居易在《送萧处士游黔南》中写有"生计抛来诗是业，家园忘却酒为乡"的诗句。第三，生计是指生活用度，如戴孚在《广异记》中记载："张曰：'我主人颇有生计。'"第四，生计是指保全生命的办法。第五，生计也指生活。白居易在《老来生计》中对生计有如下描述："老来生计君看取，白日游行夜醉吟。"简单来讲，生计即为一个人赖以生存的最基本手段，也可以通俗地认为，生计即为吃穿用度，以及人们吃穿用度的来源和方法。

数百年来，景迈山地区各族人民围绕各种资源形成了相对统一的经济发展模式，人们对于大自然的认知与基于此而建立起来的经济生活方式日渐趋同（饶明勇 等，2016）。改革开放以来，景迈山各族人民的生计方式发生了翻天覆地的变化，由农业和手工业为主的生计模式逐渐转变为以茶叶种植、加工、销售为中心的生计方式，生计方式的改变也影响着生计空间[①]、民居建筑形式的变化。

一、茶产业：景迈山各民族的主要生计方式

景迈山内 90% 的劳动力从事茶叶的种植和加工，其经济收入大多数来自茶叶采集、制作与销售。

景迈山古茶林更替有序、生长良好，其整体生态系统充满着活力。2018 年，古茶林的茶叶产量达到 39.93 万千克，平均每公顷古茶林产茶 330 千克。

景迈山古茶林的经济效益显著，别具韵味的茶品特质和养生效果使普洱茶具有良好的市场，每千克普通古茶林普洱茶鲜叶价格由 2009 年的 14 美元上升到 2018 年的 45 美元。因此，景迈山村民逐步从早期的鲜叶茶采摘出售转为茶叶加工。2008 年，景迈山成立了第一家茶叶合作社，至今已有茶叶合作社 94 家，各村寨的茶农基本均已加入合作社。2013 年，申报遗产地区的茶农年均收入已达 1720 美元，远远超过当年澜沧县的537 美元、普洱市的 863 美元和全国 1300 美元的农村年人均收入水平。2018 年，景迈山茶户收入调查显示，茶叶收入占家庭总收入的 75%。良好的经济收益改善了当地居民的生活，保障了申报遗产区域经济社会的可持续发展，保护了古茶林文化景观的延续（国家文物局，2020）。

二、茶叶生产：住屋中的茶叶生产空间

茶叶的生产方式很大程度上是由其销售模式决定的，景迈山茶农销售茶叶主要有三种模式。

第一种，出售鲜叶茶。这一方法最为简单，收入相对稳定，也不用在家中设置茶叶加工的地方，缺点是经济回报相对较低。

---

① 生计空间：在生计活动中形成的生计区域。生计空间是生计实践活动的产物。

第二种，出售晒青毛料。通过加入合作社，将自家的茶叶加工成毛料，出售给合作社。这一方式是多数茶农所采用的，收入比出售鲜叶茶多一些，但需要付出更多的劳力和精力，在住屋内也要设置一定的茶叶加工场所。

第三种，自产自销茶叶。这一模式需要承担一定的风险，付出的精力最多。在产量好且有固定经销商的年份，收入会十分可观，而一旦无法将茶叶顺利售出，存在的风险也会增加。

除了以上三种主要销售模式外，有的家庭还会将部分鲜叶茶出售、进行部分毛料的加工，并散卖一些成品。茶农对自家茶叶销售形式的决策取决于其茶树的数量和茶树的分布位置。

（一）茶叶制作：住屋中的茶叶加工空间

茶叶的深加工可以使普通的鲜叶茶成为"有身份"的精品。在茶叶的加工中，针对不同的茶品有着不同的生产加工步骤。鉴于篇幅，本书无法详细描述每一种茶叶的生产加工步骤，在此只描述景迈山自产自销式茶叶的主要生产加工步骤，并对采摘、摊晾、杀青、揉捻、晒青、渥堆、蒸压与干燥这几个生产加工步骤所占用的住屋空间进行说明。

第一步：采摘。

采摘是茶叶生产加工的第一个步骤，这一步骤在茶林中进行。鲜叶茶采摘之后，茶农需要将采摘后的鲜叶茶运输至家中。采摘过程涉及的空间有茶林与运输工具。

采茶（图4-1）期间会出现劳动力紧张的状况，因此外籍工人（来自缅甸的工人居多）会受到当地人的青睐。相对于景迈山周边的村民，外籍工人的工价会低许多，常驻景迈山的外籍工人会居住在茶林之中，茶林之中有茶叶存放和供采茶工人居住的小屋，这些小屋便是他们的临时住所。据当地人说，以前到了采摘茶叶的季节，人们会在茶林中搭建简易的窝棚居住，直到摘完茶叶才返回家中。

图4-1 采茶

（普洱市文化和旅游局供图）

鲜叶茶采摘完毕，从茶林运送至住屋需要使用运输工具。自 2007 年以来，村寨与茶山之间铺设了道路，运输工具由人力背篓转为现代交通工具，如两轮摩托车、三轮摩托车、拖拉机、皮卡车等，这些现代交通工具给茶叶运输带来了很大的便利，在极大地缩短时间的同时，也缩短了人们观念之中自茶林到住屋之间的距离。汽车在茶农中逐渐普及后，在住屋之中，车棚便成为必不可少的建筑元素。图 4-2 为大平掌古茶林中的小屋，图 4-3 为糯岗寨村民家中放三轮摩托车的简易车棚。

图 4-2　大平掌古茶林中的小屋　　　　　图 4-3　糯岗寨村民家中的简易车棚

第二步：摊晾。

茶叶运输至家中之后的工序是摊晾，摊晾无须太阳的照射，因而摊晾茶叶的地方通常是住屋的一楼，距晒茶棚也不会太远，便于茶叶运输至家中后装卸。21 世纪以前，当地人对茶叶摊晾采取的方式是自然风干，摊晾用的工具是簸箕（图 4-4）。进入 21 世纪以后，随着茶叶价格的上涨，茶叶生产量也逐渐增加，自然摊晾已不能满足下一道生产工序的需求，于是，便产生了摊晾的台子。由于摊晾过程也称为萎凋，所以由木架子、木框和纱网搭成的摊晾台子也叫作萎凋台（图 4-5）。在萎凋台上，茶叶摊晾可用风扇来完成，直至将茶叶萎凋至泛白的程度。

第三步：杀青。

杀青是通过高温破坏和钝化鲜叶茶中的氧化酶活性，抑制鲜叶中的茶多酚等的酶促氧化反应，蒸发鲜叶茶中部分水分，使茶叶变软，便于揉捻成形，同时使茶叶散发青臭味、促进良好香气形成的一种制茶方法。通常，也将杀青称为炒茶。炒茶分为手工炒茶和机械炒茶两种。炒茶的器具有传统的炒茶铁锅（图 4-6）和电火混合的炒茶铁筒（图 4-7）。炒茶需要烧火，所以炒茶的器具通常会设置于室外，当地人会在炒茶器具之上盖一个石棉瓦小棚，当然，也有将炒茶器具置于室内的。总而言之，炒锅的位置不会远离摊晾和晒茶的地方，炒茶的铁锅和铁筒通常也都是并排放置的。

从炒茶的历史来看，手工炒茶是最为传统的方式，炒茶的器具也是日常做饭使用的铁锅。因当时茶叶产量少，不售卖，只以自家人享用为主，所以铁锅的体积也无须太大，炒茶的地方也只是在火塘上。随着茶叶销售市场的扩大和茶产量的增多，铁锅已

图 4-4 摊晾用具簸箕

图 4-5 萎凋台

图 4-6 传统的炒茶铁锅
（Riane D 摄，2021）

图 4-7 电火混合的炒茶铁筒

无法满足大规模炒制茶的需要。20 世纪 90 年代以后，当地各茶厂纷纷引进电火混合的炒茶铁筒，村民家中也逐渐出现了这种工业化的产物。芒景下寨的村民张达文[1]介绍，"这样一套完整的小型家用制茶器具需要 3 万～5 万元"。图 4-8 为"古寨人家"的大型炒茶铁筒。芒景上寨的村民普俊华[2]也谈到，"生产制茶器具的企业会定期来村寨之中推销他们制造的新制茶器具"。当问及当地人哪种炒茶器具炒出的茶更香时，他们会说，手工炒制的茶叶会更香一些。

第四步：揉捻。

杀青过后，要将茶叶摊晾，然后揉捻（图 4-9）。茶叶在揉捻的作用下，其组织细胞膜受到破坏，多酚类物质与氧化酶会充分接触，在酶促作用下产生氧化反应，利于其溶解于热水中。景迈山传统的揉捻方式是手工揉捻，而目前多使用揉捻机（图 4-10）。揉捻机通常放置在炒茶铁锅的附近，并需要电力支持。

在一定程度上，制茶器具的先进程度反映了当地的茶叶经济的发展程度，发展较

---

① 访谈材料基于 2019 年 1 月对芒景下寨村民张达文的田野访谈。
② 访谈材料基于 2019 年 1 月对芒景上寨村民普俊华的田野访谈。

图4-8　"古寨人家"的大型炒茶铁筒

图4-9　揉捻

（普洱市文化和旅游局供图）

图4-10　揉捻机

快的村寨的制茶器具会先进一些，而这些村寨中的旧机器会被发展较慢的村寨收购，二次利用。

第五步：晒青。

晒青是把鲜叶茶均匀地摊放在竹篾上，利用阳光的照射和自然通风使茶叶萎凋，蒸发出鲜叶中的大部分水分，此工序是晒青茶名称的来源。茶叶晒青是在晒茶棚里完成的，所以晒茶棚通常是住屋中采光最好的地方。先前，茶叶加工量小，人们晒茶的地方是在自家的掌子或是院子之中。自20世纪90年代起，从西双版纳傣族自治州的勐海引进了晒茶棚。晒茶棚主要由木架、木板和塑料布构成（图4-11）。木架结构的晒茶棚相对于天然的晒场，茶叶晾干的速度要快，也更加卫生。自2007年茶叶经济繁荣发展以后，木架结构的晒茶棚已经不能满足茶叶晾晒的需求，于是，更大空间的钢架结构的晒茶棚（图4-12）开始出现，棚顶的塑料布也

图4-11　木架结构的晒茶棚

图4-12　钢架结构的晒茶棚

被塑料瓦和玻璃瓦替代，晒茶棚的顶部还设置了通风口（图 4-13）。图 4-14 为钢条铺就的晒场。据老酒房寨的村民小组组长范健全[1] 说，他们的晒茶棚是在 2010 年前修建的，造价在 10 万元左右。在晒茶的时候，茶农通常会在晒茶棚的木板上铺上一层竹席（图 4-15），使茶叶晾晒更加卫生，且通风透气。

图 4-13　晒茶棚顶上的通风口

图 4-14　钢条铺就的晒场

经历了 2007 年茶市的涨跌之后，茶农会有这样的说法，"茶市如股市，涨跌起伏不定"。那些茶林数量相对较少和不想涉足茶叶加工的茶农，会将自己家的茶叶以鲜叶茶的形式售卖。这样一来，原先的晒茶棚便逐渐变成了晾晒粮食的好地方。在不晒茶叶的夏季和冬季，晒茶棚便充当了晾衣棚，或被用来晾晒石斛、天麻等药材。随着景迈山古茶林申报世界文化遗产工作的深入，政府对村寨里的民居建筑建设管控更加严格，晒茶棚也不能随意修建，一些村寨便将晒茶棚

图 4-15　垫在茶叶下面的竹席

统一规划在村寨周边一个宽敞的地方，以供全村人使用。

第六步：渥堆。

渥堆是普洱茶色、香、味、品、质形成的关键工序。加工时要先将茶叶匀堆，再泼水使茶叶吸水受潮，然后把茶叶堆成一定的厚度，让其渥堆发酵。经过若干天堆积发酵以后，茶叶色泽变褐，会产生特殊的陈香味，成品茶叶浸泡后滋味会浓厚而醇和。

第七步：蒸压与干燥。

蒸压与干燥是指将茶叶称量后（一般 357 克或 400 克），用蒸汽蒸软装入布袋，再用传统手工石制模具进行压制，最后经包装后上市销售。

---

[1]　访谈材料基于 2019 年 1 月 18 日对老酒房寨村民小组组长范健全的田野访谈。

（二）茶叶储存：住屋中的茶叶储存空间

茶叶被加工生产、赋予身份之后，接下来它需要的便是提高其"身价"的过程，这一"旅程"过后，茶叶便会实现自身的价值。

鲜叶茶变为茶叶毛料后便进入储存、暂存和销售环节。茶叶的储存是至关重要的一步，也是茶叶转变为生计来源、产生经济效益之前在茶户家中"逗留"的最后一个阶段。茶叶须放置于干燥的环境中加以储存，不能受潮，所以一般茶农会将茶叶放置在住屋的二楼，有的人家会在门上上锁。为了方便储存，茶叶可制作为散茶、茶饼或龙珠（将茶叶手工捏成小团）等几种形式。散茶和茶饼为主要的存储形式。当地人储存散茶的时候会将茶叶放在纸箱和麻袋中，容器和茶叶之间还会用锡纸袋相隔，以防窜味并防潮。茶饼主要是为了满足客户和茶室中展示的需要。散茶会送到澜沧县惠民镇上的茶厂，压成饼后还会在茶饼之外包上竹叶，茶叶压饼和包装的费用为 15～20 元 / 千克。

储存室空间的大小取决于每家茶农茶叶的产量和存量，存量的多少又取决于销售渠道和客源。图 4-16 为景迈大寨倪洪家的储存室。在物变成商品的这一过程中，转化成功了便能够成为一个家庭的重要生计来源，若未能成功转化，便会成为一个家庭的负担，好在茶叶可以长久保存。

图 4-16　景迈大寨倪洪家的储存室

（三）茶室：住屋中的茶叶销售空间

茶室的出现是茶叶经济繁荣发展的产物，其历史不长，是一个集休闲、娱乐和销售为一体的场所。茶室有两种：一种是 2006 年以后由老房改造而来的茶室；一种是 2014 年后出现的具有现代化装修风格的茶室。

伴随着越来越多茶商的到来，景迈山的人们需要一个较为固定的场所来接待这些客人，于是，茶室就演变为一个集商品展示、招待客人、商品体验为一体的场所。其中，茶具的使用是茶室功能转化的一个重要因素。在装修布置精美的茶室里，茶具小巧精致，而那些并非将茶室作为生计来源和销售空间的茶农，他们还是像茶室未兴起之前那样用大茶壶泡茶，客人使用的茶杯也更大一些。

芒景村的布朗族和笼蚌寨的哈尼族多将茶室独立置于室外，而景迈村的傣族和南座寨的佤族则会将茶室设置在住屋之中。图 4-17 是芒景下寨屾肯家的茶室，图 4-18 是勐本寨村口的茶室。根据茶室装修精美的程度，可以简单地判断每家茶农茶叶经营的状况。置于住屋外的茶室通常会很显眼，外人一看便知道是茶室。此类茶室的整体框架多为木架结构，通风透气，三面有围栏，一侧是入口，顶部为塑料瓦或玻璃瓦。茶室的修建费用一般为 8 万～10 万元，因其空间大小和修造质量的不同，其造价也会有所出入。茶室通常都会建在路边，其修建速度很快，大约 15 天即可完工。

茶室作为当地茶农茶叶销售的重要空间，其装修布置因住屋所在位置的不同而有差异。位于交通主干道附近的茶室一般装修比较精美。图4-19为张光明家的茶室。以翁基寨为例，翁基寨作为旅游古寨，当地人希望吸引更多游客的到来，自然将茶室装修得豪华一些。他们通常会把茶室建在看得见云海的高地，并在茶室入口处挂满具有民族特色的装饰物，也会在茶室内安排一些身着民族服饰的年轻女子进行茶叶销售。除了住屋之中的茶室空间，在景点附近的小摊通常也会摆放茶具，供人休息品茶和销售茶叶，仔细想来，路边的这些茶摊何尝不是一个移动的茶室呢！又如勐本寨的澜沧冠南茶叶有限公司开在路边的茶室，就像是一个景迈山茶叶产品展览的博物馆，也可以称为家庭茶室的放大版。

图4-17 芒景下寨而肯家的茶室

图4-18 勐本寨村口的茶室

图4-19 张光明家的茶室

三、对茶叶经济的补充：村落中的生计空间

受到现代化进程的影响，社会中的个人远非孤立的个人，很多生活必需品人们不能

自给自足，需要外界的补给。例如，2000 年以来在村寨中出现的小卖部、饭馆、客栈、快递点、理发店、修车铺、彩票店和服饰店等，就是对当地人生活所需的生计补充。经济发展较快的景迈大寨、芒景上寨和芒景下寨的商店品类较为齐全，已经接近一个小城镇的规模了。当然，外乡人的生计空间也同样需要当地人的照拂和补充。

村寨中原来安置在家中的猪圈、晒茶棚等场所逐渐从住屋中迁出，统一迁至一处，在村寨中形成集中养殖和晾晒茶叶的空间，也即形成一个村落整体的生计空间。村落的公共空间，如体育场、佛寺门前的空地，都可以用作村民赶集之用，因而也形成了一个临时的生计空间。

（一）日用品的补给：小卖部

小卖部是当地人生计补充的重要空间，景迈山的各个村寨都有小卖部，这些小卖部通常分布于村寨的主干道边上。图 4-20 为芒景下寨的小卖部，图 4-21 为老酒房寨的小卖部。有的村寨小卖部的数量会多些，如芒景上寨有 6 家小卖部，景迈大寨有 7 家小卖部。住户较少的村寨，小卖部的数量自然也就会少一些，像老酒房寨就只有一家小卖部，南座寨有两家小卖部。景迈山的小卖部多数为外乡人所开，这些外乡人多半来自四川、重庆和湖南，这些店家之间几乎都是老乡或亲戚。他们的小卖部没有过多的装饰，店中的货架都是由铁架子和木板搭成的，由于村寨靠近缅甸的缘故，有缅甸产的食用油在这里售卖。在与商家聊天时知悉，自 2017 年以来，村寨中的人都学着在网上购物，茶叶的输出通过快递变得极其便利，加之，几乎家家户户都配置了汽车，去镇上购物的现象也较以往频繁，因而他们小卖部的生意不太好做。2019 年，景迈山干旱，茶叶的收成不好，从那时起，小卖部的生意就更难以维持了。

图 4-20　芒景下寨的小卖部　　　　　图 4-21　老酒房寨的小卖部

在景迈山的村寨中，当地人开小卖部的现象极少，景迈大寨村民夏依勐的妻子说："我们本地人不爱开小卖部！"她认为，首先，是因为村寨中的人多半是亲戚，亲戚之间的生意是不太好做的；其次，在当地的店铺中，他人赊账的现象较多，因而当地人不敢开小卖部。此外，当地人都有茶林，他们无暇顾及小卖部，更不能天天在家中守着小卖部维持生计。在几家为数不多当地人开的小型超市中，会陈列茶叶，如芒景下寨村民玉杨家的超市中，有一个小型的茶室，超市的收入是他们家销售茶叶经济的补充。

（二）饮食空间的补充：饭馆

村寨之中，开设小卖部的多为外乡人，而开设饭馆则是当地人与外乡人平分秋色。不是所有的村寨都有饭馆，像老酒房寨、笼蚌寨和南座寨这几个住户较少，且没有在主干道旁边的村寨，是没有饭馆的。当地人有独特的饮食习惯，他们喜酸、喜辣，所以当地人更乐意去当地人开设的饭馆中就餐，但是当地人去饭馆吃饭的现象还是占少数。有饭馆的村寨，其饭馆多分布在村寨主干道的旁边，主要为前来买茶的茶商和前来旅游的游客提供用餐。对店家而言，饭馆的开设是对他们家中茶叶销售生意的补充，饭馆在一定程度上也可以是茶叶售卖的一个窗口。

在景迈山，没有较大规模的饭馆，餐桌最多的一家饭馆有 7 张桌子。当地的饭馆所使用的桌子都是用木架和竹子编织而成的圆形桌子，最大的可以供 8～10 人围坐。在饭馆的陈设之中，除了桌椅，还有电视、保险柜和消毒柜等。最具特色的是，在当地人开办的饭馆之中，还会有茶叶展示台，展台之上会有茶饼、茶花、蜂蜜和花生等土特产。在景迈山，一家饭馆的招牌上还写有"销售手工茶、古茶、生态茶"的字样。

周婷珍[①]的"明珍布朗饭馆"（图 4-22）位于芒景下寨的马路西侧，饭馆的整体建筑是木架结构，木质地板，四周用竹子围成。周婷珍是芒景下寨人，租的是她姐姐家的房子，每年需要付姐姐家租金 2 万元，在当地开饭馆已经三年了，家里也在种茶，有生态茶 50 多亩、古茶林 10 多亩，主要由丈夫管理。她说，饭馆的生意还是可以的，开饭馆可以接触很多从外面来的人，来饭馆吃饭的人是她家茶叶销售的主要客源之一。她认为，加入合作社赚的钱不如自己做赚得多，所以她家的茶叶都是自产自销。饭馆中的桌子和凳子都是具有当地特色的竹制产品，进门左边是茶叶展示台，上面有茶和蜂蜜等土特产。当然，饭馆中还有冰箱、消毒柜、电视等电器。总的来讲，她家的饭馆陈设还是颇具当地特色的。

图 4-22　周婷珍的"明珍布朗饭馆"

---

① 周婷珍，女，布朗族，芒景下寨人，31 岁。

（三）居住空间的补充：客栈

景迈山的旅游发展仍处于起步阶段，在客栈的经营中，有一半以上的客源是茶商。因季节的不同，客栈的入住率不尽相同，客栈的住宿价格也会随着季节的变化而变化。在3、4月份采茶和春节等节假日之时，客栈的入住率会高一些，住宿价格也会相应地提高。景迈山的客栈大多是由当地人经营，用的也是自家的房屋，因此，淡季时也不会有过多的经济压力。近年来，当地的客栈逐渐趋向于标准化，客房较多的客栈，服务和装修也相应地标准化，有民族特色的客栈不多。比较有民族特色的客栈有景迈村的"景迈人家"和芒景村的"阿百腊酒店"。

从整个景迈山的客栈分布上看，芒景上寨和芒景下寨的客栈是最多的，芒埂寨的客栈是经营得最好的，住户较少、游客较少的老酒房寨、南座寨和笼蚌寨没有客栈。景迈山的客栈大多是茶叶生产地、销售地和客栈共存的模式。在一定程度上，村寨中客栈的数量和质量可以反映出该村寨茶叶经营的情况。除了有正规营业执照的客栈外，一些茶农家也会提供住处给前来买茶的客人。在房屋修建之时，茶农往往会留出几间（2～5间）客房，以供自家的客商和亲朋好友造访时居住。表4-1为景迈山部分村寨的客栈情况表。

表 4-1　景迈山部分村寨的客栈情况表

客栈名字	所在地	客栈主人名字	民族	客房数量/间	整个村寨的客房数/间	住宿价格/（元/天）	客源	经营情况	备注
景阳玉圆茶厂客栈	芒景上寨	玉亩新	布朗族	9	约162（不包括居民家中零散的"住处"）	200左右	游客和茶商	一般	无
腊元茶叶农民专业合作社客栈	芒景上寨	叶勇	布朗族	20		200～300	茶商	不佳	2020年1月调研时正在翻修，还未营业
叶贡茶厂客栈	芒景上寨	普俊华	丈夫是彝族，妻子是布朗族	12		200～300	茶商	一般	不对外经营，主要供茶商居住
帕哎冷古茶庄园	芒景上寨	陈伟红	妻子是佤族，丈夫是布朗族	33（3套房）		400～1000	游客和茶商	良好	是芒景上寨和芒景下寨最好的酒店，有餐厅，也卖当地特产
岩能客栈	芒景上寨	岩能	布朗族	12		200左右	游客和调研团队	良好	可以包吃，50元左右/人
芒景阿百腊休闲山庄酒店	芒景上寨	王莉	布朗族	20		200～600	游客和茶商	良好	是较典型的干栏式建筑

续表

客栈名字	所在地	客栈主人名字	民族	客房数量/间	整个村寨的客房数/间	住宿价格/（元/天）	客源	经营情况	备注
琴华宾馆	芒景上寨	而角	布朗族	16（8单间，8标间）	约162（不包括居民家中零散的"住处"）	100～200	游客和茶商	不佳	无
无	芒景上寨	小恩坎	布朗族	6		150～200	游客和茶商	不佳	平时很少经营，住客也不多
芒景古茶家人精品客栈	芒景上寨	科岩华	布朗族	14（6单间，8标间）		330～500	游客和茶商	一般	无
布朗人家客栈	芒景下寨	科新华	布朗族	12	约120（不包括零散"住处"）	150左右	游客和茶商	良好	无
大傣客栈	芒景下寨	车进城	彝族	8		300左右	游客和茶商	一般	无
澜沧翁基腊鼎客栈	翁基寨	倪罗	布朗族	8	共135间左右	300～600	游客和茶商	良好	是翁基古寨房间数最多、设施最完善的客栈
无	翁基寨	岩选	布朗族	4		100～150	游客和茶商	一般	无
无	翁基寨	岩帕	布朗族	3		100～150	游客和茶商	一般	无
无	翁基寨	（50家左右）	布朗族	100～120		100～300	游客和茶商	一般	每个家庭在建房时都会留有两三间客房，以供亲朋好友居住，也对外经营
茗缘客栈	景迈大寨	李琼	傣族	16	共130间左右	200～400	游客和科研团队	良好	无
岩玉古茶山庄	景迈大寨	玉苏	傣族	13（1间套房）		200	茶商和散客	良好	主要经营茶叶，客栈不对外
古茶居客栈	景迈大寨	邹要武	汉族	22		200～300	游客和茶商	良好	老板来自昆明，与当地人合办

续表

客栈名字	所在地	客栈主人名字	民族	客房数量/间	整个村寨的客房数/间	住宿价格/（元/天）	客源	经营情况	备注
无	景迈大寨	岩依罗	傣族	11		200	游客和茶商	一般	无
无	景迈大寨	玉仙	傣族	13		200左右	游客和茶商	一般	无
无	景迈大寨	岩在依	傣族	4		100～150	茶商	一般	主要供茶商免费住宿
无	景迈大寨	选保	傣族	3	共130间左右	200	茶商和散客	一般	无
无	景迈大寨	（15家左右）	傣族	约50		300	茶商和散客	一般	很多家庭在建新房的时候，都会留出几间房间供茶商和朋友居住
阿爸阿妈客栈	糯岗寨	叶仙迪	汉族（北京）	19		200左右	游客和茶商	良好	于2016年底开业，租用了当地5套古建筑民居
古寨人家酒店	糯岗寨	叶选笼	傣族	16		300	茶商和团队游客	良好	于2019年6月建成，暂未全面对外开放
澜沧景迈糯岗古茶叶茶厂	糯岗寨	无调研数据	傣族	12	59间（不包括零散的住处）	300	茶商	良好	无
小竹楼	糯岗寨	本地女婿（妻子是傣族）	汉族	4		150左右	茶商和游客	一般	由老式住屋改建而成
无	糯岗寨	岩温胆	傣族	4		100～150	茶商和朋友	一般	没有招牌，只是"朋友"的暂时住所
无	糯岗寨	本地女婿（妻子是傣族）	汉族	4		150左右	茶商和游客	一般	由老房住屋改建而成

糯岗寨的"古寨人家酒店"是一个集茶叶生产、茶叶销售、酒店和餐饮服务为一体的场所，还是澜沧古茶的毛料基地，有属于自己的厂房和储存茶叶的地方。"古寨人家酒店"共有16间客房（图4-23），其中两间为套房，于2019年6月份开业，现在暂

未对外营业接待散客，主要接待的是昆明一些旅行社的旅行团和茶商。对于那些在茶厂采购澜沧古茶的茶商，达到一定的采购量后，其住宿是免费的。酒店的餐厅很少对外开放，一般只为茶商和入住的游客服务，目前，酒店只有一个厨师，前往用餐的顾客需要预订。糯岗寨的"古寨人家酒店"是一个典型的工厂＋酒店模式。

（四）生活用品的补给：街子

景迈山的村寨中没有长久经营的街子（方言，指市场、市集），但是景迈山的村寨有固定的赶集日子，他们将这一天叫作"街天"。若没有很重要的事情，当地人在街天当天都会去街子上转转。街子有固定的赶集场所，这些场地通常是村寨之中一个较为宽敞的场所，如芒景上寨和芒景下寨的街子是在上下寨交界处附近的球场和主干道上（图4-24）。街子是景迈山人们生计的重要补给场所，街子中少有当地人摆摊，做生意的多数是外乡人，其中最多的是勐海勐遮人。景迈山的街天按照周计算，如芒景上寨和芒景下寨的街天是在每周六的上午，勐本寨和芒埂寨的街天是在每周六的下午，糯岗寨的街天（图4-25）是在每周五的下午，翁基寨的街天在周四。各个村寨的街天都是错开的，因此摆摊的生意人可以穿梭于不同村寨的街天中，售卖同一批货物。

图4-23 "古寨人家酒店"的客房

图4-24 芒景上寨和芒景下寨的街天

图4-25 糯岗寨的街天

（Riane D 摄，2021）

表4-2 为田野调查团队对糯岗寨 2020 年 1 月 10 日的街天摊位做的一个调查统计。

表 4-2 2020 年 1 月 10 日糯岗寨街天摊位表

序号	主营商品	摊位老板户籍	商品来源	序号	主营商品	摊位老板户籍	商品来源
1	面包	江西（住惠民镇）	澜沧县	9	米线、面条	西双版纳勐海县勐满镇	澜沧县
2	当地特产	芒景村芒景上寨	自己制作	10	烧烤	西双版纳勐海县勐遮镇	澜沧县
3	水果	景迈村勐本寨	景洪市	11	油条	西双版纳勐海县勐遮镇	自己制作
4	蔬菜、水果	西双版纳勐海县勐遮镇	景洪市	12	民族服饰布料	西双版纳勐海县勐遮镇	泰国进口
5	蔬菜	西双版纳勐海县勐满镇	景洪市	13	菜籽、五金	西双版纳勐海县勐遮镇	澜沧县
6	服装	西双版纳勐海县	澜沧县	14	锅碗瓢盆	湖南（住惠民镇）	澜沧县
7	服装	惠民镇	澜沧县	15	凉菜、卤肉	惠民镇	自己制作
8	服装	惠民镇	澜沧县				

村寨中的街天虽然频繁，但是街子之中售卖的商品还是比较有限，售卖的只是一些日用品。若当地人需要一些街子上无法买到的物品，便会驾车前往惠民镇或澜沧县城购买。

（五）个体修饰空间：服饰店

在景迈山，村寨中的服饰店主要有两种，一种是在路边开设的有铺面的服饰店，另一种是设置在家庭中的服饰手工加工点。

在住户较多的村寨之中总会分布一两家有铺面的服饰店，这些服饰店出售的多是当地的民族服饰。在这些店中，只有芒景上寨的布朗族服装店店主杨小华是当地人（图 4-26），其余的店主几乎都来自勐海县，且都是女性。服饰店中的布料部分来自澜沧县和勐海县，价格稍高一些的布料则来自老挝和泰国等地。图 4-27 为糯岗寨的服饰店。这些店中会有一台缝纫机，出售的多为布料，布料的价格一般为 30～80 元 / 米，裁制成衣服需要额外加 50 元左右的费用。这些布料丰富了当地人的穿着，店家也能从中获益。

图 4-26 杨小华的服饰店

图 4-27 糯岗寨的服饰店

在村寨之中还有一些手工制作民族服饰的妇女，她们的产品多面向游客。在南座寨，一个佤族的手工包（图4-28）需要3～5天才能制成，售价为200元/个。对于当地人而言，他们更愿意去店铺购买一个20元左右的布包。在与服饰店中的商家闲聊之际，她们谈及，2019年的生意太难做了。首先，因为2019年干旱，茶叶的收成不佳，定做衣服的人也就少了许多。其次，现在村民会在网上购买一些衣服，也会前往镇上和县城中购买，因此给这些传统手工服饰店带来不小的冲击。

图4-28 南座寨的手工包
（Riane D 摄，2021）

（六）其他生计空间

在整个村寨中，除了一小部分是在当地入赘的人以外，在景迈山开店的店家中几乎没有当地人，多半是外乡人。这些开店的人大多已经在景迈山居住多年，多则十四五年，少则两三年，因而，他们也可以算作是景迈山的人了。他们以特殊的身份生活在景迈山，在为当地人补充物资的同时，也因当地人的光顾而有了生计来源。景迈山的村寨除了有小卖部、饭店、客栈等较为典型的生计补充空间外，还有一些其他的生计补充，如修车、快递、酿酒、工艺品制作、牲畜养殖等。

1. 修车

景迈山村寨中没有较大规模的汽车修车铺，若机动车有较大的故障仍需送至镇上修理。芒景上寨和芒景下寨只有一家汽车修车铺（图4-29），主要的修车业务是换轮胎，这也说明，景迈山的弹石路相对于柏油马路会更损耗轮胎。

图4-29 芒景上寨的汽车修车铺

2．快递

由于各村寨中网络的接通，村民要把在网上订购的茶叶通过快递的形式传送出去。在许多的村寨中，没有固定的快递站，多是流动和移动的快递点。快递车每天都会前往各个村寨，需要寄快递的人直接打电话给快递员即可。芒景上寨和芒景下寨各有一个固定的快递点，芒景上寨的快递点是"韵达快递"开设的，芒景下寨的快递点则是集中了多种快递的"农村淘宝"（图 4-30）。

3．酿酒

景迈山的一些家庭仍会以酿酒为生计来源，或者将其作为辅助茶叶经营的一种生计方式。隶属景迈村的老酒房寨，在 1949 年以后就以酿酒闻名，也因此得到"老酒坊"这一美名。图 4-31 为老酒房寨村民小组组长家室外的酿酒房。如今，老酒房寨虽然仍有酿酒的传统，但是已经没有多少家庭以酿酒为主业了，村寨中更没有一个完整的酿酒厂，他们的主要生计来源仍然是种植、加工、销售茶叶。在其他的村寨中，也会有一些家庭自己酿酒出售，酿酒所占用的空间是自家的院子。在这些酿酒的家庭中，以笼蚌寨村民小组组长家作为生计补充的家庭酿酒模式较为典型，他们家一年会有 3 万元左右的卖酒收入，占家庭年收入的 1/5 左右。

图 4-30　芒景下寨的"农村淘宝"快递点

图 4-31　老酒房寨村民小组组长家的酿酒房

4．工艺品制作

除了酿酒，作为当地经济收入补充的还有竹制品和木制品的制作。竹制品的编织和销售是部分家庭的一项生计来源。在景迈山，竹林甚多，当地人喜欢使用竹制品，如竹筐、采茶背篓、竹椅和竹茶几等。现在会编织这些竹制品的人已经不多了，多半是村寨中的老人。当然，竹制品的编织也已经算不上是一项重要的生计来源，但是这一传统制品的制作还是应当被传承的。

5．牲畜养殖

牲畜养殖只能算是景迈山生计中的一项副业。作为日常饮食中蛋白质的补充，景迈山目前养殖的牛、猪、鸡、鸭、鱼已经足够了，可若以单纯的牲畜养殖作为主要的生计来源，其发展还是很难的。在传统干栏式住屋时期，家禽家畜的养殖是在住屋的一楼。随着茶叶贸易的繁荣和村民们对环境卫生的重视，当地政府逐渐将村寨中的猪圈规范建设起来。许多的村寨统一规划了本村寨的猪圈，这使得先前存在于每个家庭中的生计空间经由统一规划变成了整个村寨的生计空间。

从广义上讲，生计便是生活，当地人的生计空间包括院子、住屋、厂房、茶室和卫生间，以及整个村寨中的商店、娱乐中心和公路等；从狭义上讲，生计是维持生活最基本的谋生手段。自古以来，景迈山各民族最基本的谋生手段为茶叶种植和销售，茶叶可作为食材、药材、交换物和商品，是最为重要的生计来源。景迈山的民居建筑因茶叶经济的发展而繁华，民居建筑空间之中必然包括以茶叶为中心的生计空间。可以看出，如上所述的生计空间大多围绕茶叶而展开，如茶叶流通尚未兴盛就有的小卖部、街子集市等，为当地人提供了生活保障的空间；因茶叶贸易兴盛产生的村寨中客栈、饭店等的建筑空间，为村寨经济发展提供了拓展空间。总之，在景迈山，外乡人与当地人相互供养、互相依存，形成了不可或缺的生计网络。

第五章
景迈山的民间信仰、
宗教与建筑

在景迈山，布朗族、傣族、哈尼族、佤族、汉族等民族共同生活在一起，除汉族以外，其余各民族信仰体系大致可分为两大类型，一是民间信仰，二是南传佛教。民间信仰与宗教①都对景迈山少数民族建筑形制产生了极大的影响。

一、景迈山少数民族的民间信仰

景迈山各少数民族的民间信仰基于万物有灵的观念，是远古时代社会生产力低下、人们畏惧自然的产物，也是景迈山的各少数民族普遍保留的信仰，并且延续至今。明景泰年间《云南图经志书》中记载，至明中叶，顺宁府等地布朗族先民仍以民间信仰为主，佛教尚未渗透到他们的生活之中。在南传佛教传入景迈山地区之前，当地布朗族和傣族秉承民间信仰，人们相信万物均由神灵主宰，鬼神也无处不在。各少数民族民间信仰体系中拥有不同的神灵崇拜，主要包括自然崇拜（神树崇拜和神山崇拜）、图腾崇拜（茶祖崇拜）、祖先崇拜（家神崇拜与寨神崇拜）和火神崇拜。

（一）自然崇拜

1．神树崇拜

景迈山的各少数民族均有自己的神树，神树的品种不一。布朗族多把大榕树奉为神树，傣族多供奉大榕树和菩提树。神树多位于佛寺附近及四方寨门处。如今，树龄较长的树往往都被村民认为具有神性，被禁止砍伐、触摸及在树附近有不敬的行为。人们常在神树上悬挂各种祭祀物，如米饭、经幡、红色布条等，祈求神树的保佑。

2．神山崇拜

景迈山各个村寨都有自己的神山，其位置方向不定。人们会选定　年中的某个日子，全寨或者部分人员上山，将携带的供品献祭给主管这片区域的山神，祈求山神保护整个村寨。有些村寨，在不祭祀的日子会禁止人员出入神山，就算允许进入神山，也要遵守约定俗成的规矩，如不得随意破坏山里的任何树木、不得乱讲话、不得随地大小便，以及做出其他对神山不敬的行为。人们相信，违反禁忌的人，会遭遇生病、死亡等重大恶果。因此若违反了规矩，人们需要请村寨里的安章到神山处念经、祈祷，由他们代表自己向神山表达歉意，以及立志改正的决心。

（二）图腾崇拜

景迈山布朗族、傣族特别崇拜茶祖。茶祖崇拜对景迈山古茶林景观的维系和文化传承具有十分重要的作用，布朗族的茶祖是帕哎冷，傣族的茶祖是召糯腊。一方面，村民们每年都要祭祀茶祖，祭祀期间人们不得下地劳动，外寨人也不得进寨；另一方面，每户的茶园都要设一棵茶魂树作为该片茶林的茶祖予以祭祀，茶祖能保佑茶林不受破坏并且茶叶丰产。

---

① 从学术上讲，民间信仰与宗教是两个完全不同的概念。宗教是一种具有完整理论体系的、特殊的社会意识形态，而民间信仰则是一种在特定社会经济文化背景下产生的以鬼神信仰和崇拜为核心的民间文化现象。

（三）祖先崇拜

1．家神崇拜

家神是家中男女性家长死后所化的祖先神灵。人们认为家神掌管着整个家庭成员的健康与运势，并且能看到家庭成员的行为和听到他们的言语，如若对家神不敬则会遭遇惩罚。因此，人们日常便小心谨慎地行事，并通过一定形式对家神进行供奉，祈求其保佑家庭的各个成员的幸福安康。

2．寨神崇拜

寨神是村寨的祖先神，其主管的世界相对于家神而言扩及整个村落区域。传说寨神由本寨搬来的第一户人家逝去的男性祖先所化，主管着整个村寨的平安，是整个村寨共同祭祀的对象。凡是家中要进行如栽秧、上新房、结婚等重大活动需宰杀牲畜时，人们均要先祭祀寨神。

（四）火神崇拜

火神，是许多民族普遍崇拜的自然神之一。因为有了火，人类从此吃上了熟食，火在促进人类的生存和发展上，起到了重要的作用，对人类的社会生产活动有着重大的影响。火的应用，使人类较早地认识了它的功用以及和自身的利害关系，从而对火产生了敬畏之心，并当作神物加以崇拜。景迈山少数民族家家户户都有火塘，便是火神崇拜的一种反映。

二、民间信仰与村落空间

崇尚万物有灵的民间信仰，使得景迈山各少数民族在村落选址上有着共同的原则，即依山而建。山既有神山，也有茶山。村落均以寨心为中心呈向心布局，四周设有寨门，村落边界处有神树，体现了民间信仰对村落的凝聚作用。

（一）围绕神山而建

神山信仰是景迈山少数民族民间信仰的重要表现之一，每个村寨几乎都有属于自己的神山。只有一个例外，勐本寨与芒埂寨在历史上原本是一个村寨，传说因寨内发生矛盾而分成两个村寨，因其根源为一处，便共同拥有一处神山。平时男女均可进入神山，怀孕的妇女除外。人们对神山充满着敬畏，进入神山不得乱说话，也不得随地大小便，神山的树木也不得随意砍伐，如若砍伐则要由村寨里的长者对神山祈祷说明缘由，祈求谅解，才可进行。

芒景布朗族的神山是村寨后方的芒景山，祭祀茶祖的节日桑康节便在此举行。每年农历三月初一，全村寨的人都要到芒景山祭拜山神并且摆放供品，祈求山神保佑村寨的人。在此期间村民不能从事农事活动。

广景山是景迈大寨傣族的神山。人们一年要供奉三次，分别是农历三月、五月及十二月。与布朗族相似，平时人们也不能进入神山随意砍伐树木，进入神山也不得随地大小便和乱说话。祭拜山神的仪式由村寨里的长者和安章等主持。村寨里的人在三次祭祀中分成小组前往，每个小组都要携带一只鸡，并且还要携带米、谷子、盐和辣椒，放在用竹子编成的"温吞"中，送给神山，表达对神山的敬意。

基于对神山的崇拜，布朗族和傣族先民迁徙至景迈山，围绕神山，选择背山面水、坡度较缓、土质条件较好、适于种植茶树的地方建设村寨。

（二）围绕寨心布局

寨心位于村寨的中心，含有某种"宇宙中心"象征性空间的内涵。传统村寨规划的理念是：建寨必先立寨心、寨门及其所形成的十字道路格局，它规定了村寨规划的中心及其边界范围。寨神居住于寨心，寨神和寨心成了当地傣族和布朗族信仰、崇拜和祭祀的对象。

相同点在于：寨心样式几乎一样。寨心样式一般由基座和位于基座之上的柱子两部分组成。基座由水泥或者石头垒成的几级阶梯构成，外观为圆形或者正方形。柱子为5根，立于基座的中央。五根柱子的选材要求严格，最中心的一根为柏木，四周为两根梨木和两根栗木。由于木头的易腐性，人们会定期对寨心进行更换，更换寨心时要举行换寨心仪式。景迈山的布朗族和傣族每个村寨均有至少一个寨心。

此外，对寨心的敬奉也一样。日常生活中景迈山各少数民族对寨心献饭表达诚意，出门时要到寨心处祈祷平安。节日期间，如桑康节、关门节、开门节、丰收节时，人们会在寨心处举行大规模的祭祀和庆祝活动。在寨心周围不允许人们打架、喝酒。

不同点在于：傣族的寨心有佛教化倾向，如景迈大寨的寨心，将木柱子换为了水泥，并漆成了金色，类似于佛塔的造型。

1. 布朗族村寨的寨心

（1）芒洪寨的寨心（图5-1）。芒洪寨的寨心只有一处，位于村寨中央，基座的台阶分为3级，为石头和水泥所制，基座上有5根柱子，中间柱子明显比周围4根柱子高出一截。

（2）芒景上寨的寨心（图5-2）。芒景上寨的寨心位于芒景布朗族帕哎冷寺的中央，基座分为3级阶梯，寨心由5根水泥柱子构成，外呈灰色，位于中间的柱子上部为茶叶造型，由"达寮"和麻绳织成的网环绕，上挂各式经幡。

（3）芒景下寨的寨心。芒景下寨共有4处寨心，原因是芒景下寨共有3个村民小组，除了3个村民小组各自有属于自己的寨心（图5-3）以外，还有一个芒景下寨的总寨心（图5-4）。总寨心位于芒景下寨村民活动中心的院落一角，旁有一棵大树。5根柱子由石质材料制作而成。5根柱子相距较远，柱子最上方的凹陷处，用于摆

图 5-1　芒洪寨的寨心

图 5-2　芒景上寨的寨心

图 5-3　芒景下寨三个村民小组的寨心

放蜡条等供品。中间的柱子比其余 4 根高出约 20 厘米，"达寨"环绕该柱。其余 3 组寨心均位于各个村民小组所居地的中心，材质均为木质，造型不一。

（4）翁基寨的寨心（图 5-5）。翁基寨的寨心位于翁基老寨中央一块平地之上，高出地面约 1 米，四周被房屋环绕。寨心下的基座台阶只有一级，由鹅卵石铺成。寨心有 5

图 5-4　芒景下寨的总寨心　　　　　　图 5-5　翁基寨的寨心

根柱子，样式与其他布朗族村寨寨心相似，前方放置一竹篮可摆放供品，其上方插有经幡及"温吞"。

2．傣族村寨的寨心

（1）糯岗寨的寨心（图 5-6）。糯岗寨的寨心位于糯岗老寨佛寺下方一块平坝处，周围被房屋环绕。寨心由 3 级圆形底座和上方 5 根木柱组成。5 根木柱与其他村寨的寨心类似，柱子周围摆放着经幡、"温吞"和竹子，"温吞"数量尤其多，使人难以一眼看见其中的 5 根柱子了。

（2）景迈大寨的寨心（图 5-7）。景迈大寨的寨心位于佛寺下方，挨近村寨的主干道，四周用围墙进行分隔。与景迈山其余各村寨的寨心不同之处在于，景迈大寨寨心没有柱子，造型精美、装饰华丽，外饰金漆，以水泥材质建成，上挂"温吞"、经文，还有一些植物。寨心共分为 6 层，第一层摆放着由水泥塑成，头部、尾部及背部外刷白漆的马塑像，一个香案及水泥制作并外饰金漆的"温吞"；第二层专供摆放祭祀用品，村民每日会将新鲜的米饭放置于此；第四层则用傣文和汉字分别刻有"寨心"字样以及捐赠人的姓名；第三层、第五层未摆放东西；第六层插着树枝、"达寮"和经幡。

（3）芒埂寨的寨心（图 5-8）。芒埂寨的寨心与其他村寨的略有不同。其寨心下方用砖头和水泥垒砌成三层台阶，台阶朝向佛寺寺门。第三层台阶左侧摆放着水泥制成的"温吞"，中间摆放 5 根木柱，放于水泥做的圆洞内，木柱长约 20 厘米，低于中心处摆放的水泥及竹制的两个"温吞"，柱子周围加以鹅卵石作支撑以防止其倒下。寨

图 5-6 糯岗寨的寨心
（Riane D 摄，2021）

图 5-7 景迈大寨的寨心
（Riane D 摄，2021）

心的右侧则是由地底下长出的一棵树。因此整体而言，寨心的建造是围绕着灵树的，由于灵树向上生长，整个寨心的阶梯被挤压断裂。

（三）环绕村寨四周的寨门

在景迈山，几乎每个村寨都有自己的寨门，寨门有着地理与文化的双重含义。首先寨门位于整个村寨的入口处，成为与邻近村寨分隔的重要界线，这是空间领域的分隔；其次，寨门是人与鬼神的分隔，据说寨门能够将一切的鬼魅邪祟挡在寨外，村民们对于鬼神所导致的生病与死亡的畏惧，使得寨门的重要性显而易见。寨门的功能也体现在三个方面：第一，明确村寨边界，方便区域管理；第二，将鬼魅邪祟挡在村寨外面，保护全寨免受鬼神影响；第三，起着警示作用，若有人碰倒了

图 5-8 芒埂寨的寨心

寨门，预示着将要有不好的事情发生，便要在寨门处杀鸡进行祭祀。

　　寨门的制作和表现方式多种多样，人们常常会用"达寮"、一棵树、木头柱子或三四米高的干栏式建筑等形式来表示寨门（图5-9）。相较于傣族对于寨门的重视，布朗族对寨门的概念并不十分强调。在问及傣族村民寨门时，村民们都会指出寨门在某某方向，而布朗族村民会思索一会儿，告知一个不太确定的答案。随着人口的增多、村寨规模的扩大，傣族寨门的位置会随着人们居住的位置迁移，但总是在整个村寨的四个方位。布朗族村寨的寨门往往由神树或一块约定俗成的区域来充当。例如，芒景上寨和芒景下寨的分界点是村委会的办公楼，寨门是一棵大榕树（图5-10）。笼蚌寨哈尼族已经没有寨门了，"达寮"在过节期间充当寨门。"达寮"必须由村寨里的长者在寨主家制作，然后分别放置于村寨的上、中、下三个方位，用于告知村寨内外的所有人，村寨里面在过节。

图 5-9　芒埂寨的寨门　　　　　　图 5-10　芒景上寨和芒景下寨
　　　　　　　　　　　　　　　　　　用大榕树充当寨门
　　　　　　　　　　　　　　　　　　（Riane D 摄，2021）

　　人们会在寨门处举行一定的宗教活动。在布朗族的村寨，每每村寨里有人去世或者有人从外面回到家后生病，便由家人放置祭祀物品在寨门口。祭祀用品通常装在一个篾箩里，里面摆放芭蕉叶、一根蜡条、熟米饭及茶叶。祭祀时，将一片芭蕉叶铺在地上，上面放置5团米饭及煮过的茶叶。

（四）村寨边界处的神树

　　布朗族在村寨边缘种植榕树、柏树等作为村寨的守护神。大部分村寨边界都会有树门作为村寨范围界线的标志，如今仍旧存在。任何人不得扰动神树，每年在神树周边也会有祭祀仪式。与布朗族不同的是，傣族一般将寨门附近的树视为神树，此外还有佛寺里栽种的菩提树。神树一般位于村寨的东、南、西、北四个方位。景迈山的神树崇拜由一开始对某棵树的崇拜延伸到对茶魂树的崇拜。神树崇拜的概念已经泛化，被解释成对于树龄较长的树的崇拜，主要表现在相关的文化禁忌及祭祀活动中。神树崇拜体现了佛教与民间信仰。

1. 茶魂树

布朗族的每片茶林均有一棵茶魂树（图 5-11），茶魂树的选择标准：一是茶林里最高大的树，二是种植时间最长的茶树。茶魂树一定是健硕的，其主要功能是代替茶林的主人看护茶园，保佑茶树的苗壮成长。茶魂树的周围会用树桩围成围栏，防止外人接近，周围还会有数量不等的小竹篮，供摆放祭祀用品，如饭、蜡烛、肉等。对茶魂树的祭祀在每年的桑康节（图 5-12），人们在这一天到村寨的茶魂树旁采摘发芽的鲜叶敬献给茶祖，再由佛爷或头人在佛寺手工制作成干毛茶用于祭茶魂。之后茶农们在采摘自己茶林中的鲜叶茶时，也要先祭拜茶祖和茶魂。每年春天，家家户户会把各自茶林里的茶魂树上鲜叶茶采摘下来后，制成"茶魂茶"，供奉在茶祖帕哎冷的雕像前，祈求茶叶丰收。

图 5-11　芒洪寨的茶魂树

图 5-12　桑康节祭祀茶魂树

茶在布朗族人的心中是神圣的，是被崇拜的对象之一，人们深信，茶树是神性与人性的融合体，人们通过呼唤茶魂、祭拜茶魂，祈求茶祖的保佑。

2. 翁基佛寺古柏（图 5-13）

景迈山的各个村寨几乎都有自己的神树，翁基寨的神树位于佛寺的西侧，是一棵大柏树，柏树高达 20 余米，树龄约有千年以上。关于柏树，在村寨中还有一个传说：相传翁基寨后山有妖龙为恶，为解除苦难，一佛爷来村头打坐诵经，点化恶龙。

图 5-13　翁基佛寺的大柏树

日久天长，恶龙终受感化而变身成为柏树，与古寺相伴相生，最终绿阴蔽天，成为人们纳凉的好地方。目前，村寨里的人们将其用木桩进行隔离，入口处也常有村民对神树献饭。村民从小就被教育不能去触碰或者攀爬该树，不能对古柏说不吉利的话。在布朗族的信仰中，原始神灵无处不在，它约束着人们的行为，构成其神灵体系的重要组成部分。

3．傣族神树

与布朗族不同的是，云南傣族一般将寨门附近的树视为神树。傣族村寨有 4 棵具有不同象征意义的树，是当地村民精神信仰的一种物质载体，缺一不可。第一棵树是大榕树，它通常栽在村头或进入村寨的主要路口，是保护村寨最大的神树，布朗族村寨入口通常也种植大榕树；第二棵树是菩提树（图 5-14），通常在佛寺旁，保佑全寨平安吉祥；第三棵树是鸡爪菜树，一般栽在村寨下方，也可以栽在村寨里民居的房前屋后，用以保佑全寨人丰衣足食；第四棵树名字不详，一般栽在寨心旁，保佑家族兴旺、村寨昌盛。在神树旁，人们被禁止随地大小便以及乱说话等不当行为，更不能随意砍伐神树。

4．蜂神树

蜂神树（图 5-15）是一棵大榕树，位于芒景上寨东侧约 1 公里处的古茶林内，树高 50 米。或许是佛寺茶地与百鸟泉的滋润，榕树上有 70 多个巨大的马蜂巢，附近村寨规定任何人都不得动榕树和榕树上的蜂巢。人们称这棵榕树为"蜂神树"，称榕树上的马蜂为"百年神蜂"，是当地万物有灵信仰的充分体现。当地布朗族和傣族人将其视为神树，每逢重大节日都要在神树下举行祭祀活动。

图 5-14　班改佛寺的菩提树　　　　　　　图 5-15　蜂神树
　　　　　　　　　　　　　　　　（唐述德摄，普洱市文化和旅游局）

如今，随着政府加大了对生态的保护，加上少数民族村规民约的约束，人们被禁止随意砍伐树木，许多村寨里将树龄较长的树都称之为"神树"。在走访翁基寨时，问到一位男性村民神树的方位时，顺着他所指的方向望去，他告诉我们："这里的古树分布在村寨的各个地方，被称为守护树，是不能随便砍伐的，如若有人违反，就会预示此人会遭厄运。就算树枝自行折断，也不可以随意拾取，必须留于当地。"在当地村民心中，神树的范围已不局限于人们最初供奉的树，而是村寨里所有树龄较长树木的总称。

三、神圣物与住屋空间

神柱、火塘、"达寮"是景迈山各少数民族建筑中的神圣物，它们是民间信仰的一种物化形式，具有一定的神圣性和崇高性。虽然近年来，这些神圣物的神圣性有所减弱，但仍然是住屋中最重要的物件。它们在不同程度上影响着住屋的构型和空间的布局，甚至决定着人们"家"与"非家"的观念。

（一）布朗族神圣物与住屋空间

1. 神柱

神柱，又称中柱，是干栏式民居建筑中重要的承重构件，具有一定的神圣性和崇高性。

（1）神柱的基本特征。传统的景迈山布朗族住屋之中，有两根神柱，一雌一雄，汉语一般称其为"男柱、女柱""公柱、母柱"，或"王子柱、公主柱"。图5-16为芒景下寨科叭家的神柱。

图5-16　芒景下寨科叭家的神柱

神柱，布朗族语称为"蒂瓦拉"，傣语称为"丢瓦拉"。一名布朗族妇女告诉笔者，"丢瓦拉"这个词来自南传佛教的巴利文，指的是一类神灵的名字。

当今，在景迈山，大部分住屋内仅有男柱用白布包裹，而女柱则没有任何的标志。各种仪式、献祭、禁忌等也主要体现在男柱之上，女柱一般很少有所体现。

（2）神柱的选材与建造。神柱在树木种类的选择上，并没有严格的限制，只要能用于制作柱子即可，但作为住屋之中最重要的构成之一，其选择上依然有许多约束。用作神柱（男柱、女柱均如此）的木料（图5-17）不能被虫啃食过，不能有蚂蚁洞，不能

图 5-17　用于神柱的木料

断顶，不能被雷劈过，不能有权枝，也不能空心等。在有计划盖房屋时，便要到山上选择合适的树木，向它供奉蜡条、茶叶、辣椒和盐等，并向其说明想选择它作为房屋的神柱，望它能茁壮成长，不遭受虫蚁啃食，不被风吹断顶枝，也不要被雷击。

建新房的时候，需要根据房屋空间的大小、走向和布局等提前确定神柱的位置。其位置的选择一般由家中长者进行，若家中长者没有经验或者不知道该如何抉择，则会请村寨里面懂行的长者帮忙。建新房、立柱子的时候，男柱必须最先立起，接着立女柱，然后才能立别的柱子。

布朗族的住屋一般呈长方形，在住屋长轴上的柱子排数由房屋空间的大小决定，一般是 5 排或者 7 排，排数一般为单数。神柱虽也称为中柱，但位置上并不在住屋的中心（图 5-18）。男柱和女柱位于同一排。一般而言，男柱位于东侧且位于远离入口的里侧，女柱则与之相对。此外，神柱必须是一根从地面到房梁一以贯之的柱子。

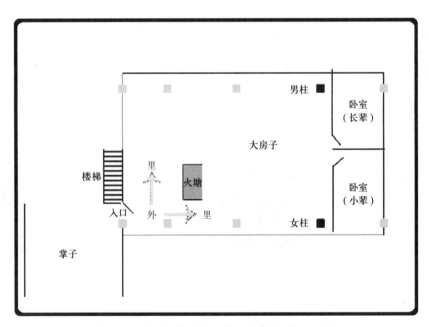

图 5-18　典型的传统布朗族民居建筑功能示意图

（3）神柱的象征意义。

① 家心。在布朗族的村寨之中，除了家中的神柱称之为"蒂瓦拉"之外，寨心也称之为"蒂瓦拉"。芒景下寨村民俄丁掇说："寨心是一个寨子的心，（家中的）'蒂瓦拉'也是一个住屋的心，就和人的心一样是不能少的。"从这种说法来看，神柱也代表着家心。

② 家神。布朗族人相信万物有灵，在选择好了作神柱的树木之后，砍伐之前会对它进行供奉和祷告。需要注意的是，布朗族人认为在这个时候供奉的并非是"蒂瓦拉"，而是树木之灵。树木砍倒、运回家中、劈砍成方形柱子、裹上白布、在选定的神柱所在位置竖立起来……在这一过程中，布朗族人虽然都意识到这根木头就是要用来作为"蒂瓦拉"的，但它始终只是一根木头，而非"蒂瓦拉"，所有关于"蒂瓦拉"的禁忌都还不存在。一直等到住屋建设好之后，请村寨中会看日子的人选择吉日，举行上新房仪式，在这根柱子旁边念经，邀请神灵"蒂瓦拉"栖居于男柱之上，成为这个家庭的"蒂瓦拉"，此柱才转变为神柱，相应的禁忌也才开始存在。从这个时候开始，"蒂瓦拉"便开始掌管整个家庭，神柱也才开始代表家神。

③ 祖先。"祖先崇拜在布朗族民间信仰生活中占据着重要的位置。以血缘世袭为纽带的氏族、家族的发展和家族生命周期的更迭、延续，使祖先观念与灵魂观念（万物有灵）牢牢结合，使亡故的先人，一代一代以其祖宗在天之灵升入神位，成为氏族、家族延续的最可靠的保护神。"（赵瑛，2014）神柱分为男柱和女柱，代表的是布朗族人共同的男性先祖和女性先祖。

④ 家主。神柱还象征一家之主，"男柱就是代表男性家主，女柱就是代表家主的妻子"[1]。

总而言之，在景迈山布朗族人眼中，神柱集家心、家神、先祖和家主的象征为一体，是住屋中的神圣中心。在布朗族住屋中，神柱以里的空间是主人的卧室，称为"里间"，神柱以外的空间称为"外间"，神柱起着重要的里外区隔的作用。

（4）神柱的相关风俗和禁忌。整体而言，神柱是住屋中最重要的民间信仰象征性构件。只有供人居住的住屋才能有神柱，其余的房屋无论是生产用的晒茶棚、社交用的茶室、烹饪用的独立厨房，还是用于对外出租的房屋都不能修建神柱。甚至，如果一家人有新旧两套房屋，且两套房屋都有家人居住，只要这家人没有分家，就只能有一个"蒂瓦拉"。正因为神柱所具有的神圣性，布朗族的很多民俗活动都是在神柱旁举行的，如"串姑娘"、订婚、结婚、拴线等。

此外，关于神柱还有许多禁忌：家里人需要尊重神柱，家中尚不知事的孩童例外；神柱周围的区域具有神圣性，外人不能靠近，更不能碰触神柱；不能在神柱上面乱涂乱画，不能将铁制的器物放置在其上，无论是有意或是无意都不行，如有冒犯需要向神柱行礼，乞求神柱的原谅。

2．火塘

火，在人类的历史上具有重要的意义。火帮助人类驱散野兽、抵御严寒，在黑暗之中给予人类光明。对布朗族而言，火同样有着十分重要的意义。火塘是布朗族家庭中必不可少的物件，随着时代的发展，火塘（图5-19）的神圣性逐渐减弱，但民俗性却逐渐增强。

（1）火塘与传说。传说中，布朗族人初到景迈山的时候，并没有建立居所，人们要么栖居于大树之下，要么栖居于石洞之中，一家人或者一群人围绕着火塘而居，"有火

---

① 访谈材料基于对芒景上寨恩达选和芒景下寨金叭的田野访谈。

图 5-19　班改寨岩山选家的火塘
（Riane D 摄，2021）

就代表有人烟"[1]，火塘也因此一定程度成为"家"的代名词。之后，布朗族人开始修建简易窝棚，在窝棚中有了"蒂瓦拉"，但火塘仍然占据十分重要的位置。

（2）火塘的基本特征。布朗族并非把所有的火都称之为火塘。例如，若是在室外院落之中烧起一堆火，那么无论用来做什么，只称它为篝火，只有置于室内的，放有铁制三脚架、用于烹煮人食用的食物的火堆才称为火塘。

火塘一般位于住屋二楼的室内，位置靠近入口（门）一侧，多数正对着入口，多为长方形。火塘一般由泥土、石头或水泥、砖块砌成，上面会放置铁制的三脚架，日常烹煮时可将锅具放置于其上。火塘的上方悬有铁架子，腊肉、辣椒等许多食物都会放在上面烘烤。过去若是遇到下雨所收的谷子晒不干时，人们也会将谷穗置于铁架子上烘干。

（3）火塘的功能。

① 日常生活功能。火塘的功能虽然多种多样，但毫无疑问最关键、最核心的功能是日常的烹煮和取暖。在过去，因为物质匮乏，有的时候若家中有一些特殊的需求，如家中有年迈的长者、病人、孕妇、产妇等需要特别照料或需要长期取暖时，会在火塘边安置床榻以满足其特殊的需求。此外，在过去没有电的年代，火塘亦充当着照明的作用。

② 生产功能。布朗族人与茶有着深厚的渊源，如今茶叶成为人们最重要的经济收入来源，几乎家家户户都设立了专门的炒茶区域。在过去，因炒制茶叶的量较小，炒茶的工序常常是在火塘上完成的。

③ 社交功能。布朗族人喜欢饮茶，过去他们常常喝的是烤茶，每当亲朋邻里来到

---

[1]　访谈材料基于 2019 年 1 月 7 日对芒景下寨村民苏国文的田野访谈。

家中，便会在火塘边坐下烤一壶茶，边喝茶边谈天说地。火塘也是青年男女交流感情的主要地方。

④ 调解功能。火塘还具有调解人与人矛盾的功能，"过去，若是两个布朗族人之间出现了小矛盾，便会由家中的长辈（亲戚）出面，将两人叫到火塘边，分别叙说事由，再由家中长辈进行调解"①。

⑤ 区隔功能。客人来了之后，都会围坐在火塘旁边，但依然有主、客之分。一般而言，客人坐在靠近入口的一侧，而避免坐到靠近卧室的一侧，即使人数较多，也会向入口处延伸。

3."达寮"

在景迈山傣族和布朗族村寨之中，"达寮"是十分常见的，无论是路口、社房、家门、屋檐等地方，都可以见到"达寮"。

布朗族、傣族"达寮"的制作和使用方法基本相同。

在制作上，"达寮"一般由6根竹篾编织而成，共有7个洞口。部分"达寮"会裹上由茅草编织成的草绳，或是放上刻有经文的竹子，又或者会拴上一些当地常见的多肉植物。

"达寮"可以单独使用，也可以组合使用。组合使用通常有两种方式：一为7个"达寮"叠加起来使用，其目的是为了加大法力；二为与其他物品配合使用，代表不同的寓意，如布朗族将"达寮"与仙人掌搭配使用，寓意着家里有小孩刚刚出生，谢绝生人来访。

（二）傣族神圣物与住屋空间

1.神柱

（1）神柱（图5-20）的基本特征。传统的傣族住屋，与布朗族的住屋颇为相似。房屋之中也是有两根比较重要的神柱：男柱和女柱。在傣语中，男柱称作"哨召"，女柱称作"哨嫡"②。两者是夫妻关系，均具有崇高性和神圣性。与神柱相关的各种仪式、献祭、禁忌等都体现在男柱上。从外形上看，男柱上包裹着白布，并在其上或旁边设有献祭物品用的神龛。傣族人崇尚金色，神龛多为金色，女柱则与普通柱子毫无二致。

（2）神柱的选材和建造。傣族神柱的选材、建新房的规矩与布朗族大致相同，在此不做赘述。

值得一提的是，虽然在男柱和女柱的布局上，傣族和布朗族十分相似，且作为承重构件的男柱和女柱

图 5-20　景迈大寨村民砍南才先家中的神柱
（Riane D 摄，2021）

---

① 访谈材料基于 2019 年 1 月 7 日对芒景下寨村民苏国文的田野访谈。

② 刀承华. 傣族文化史［M］. 昆明：云南民族出版社，2005：7.5.

中间都用一根梁（图 5-21 中"梁 1"）连接，但在表述上略有不同的是，布朗族在表述男柱和女柱的位置时，强调的是先立男柱，女柱与之位置相对；傣族人强调的是先立男柱，女柱与男柱通过"梁 1"相连。此外，布朗族和傣族的房屋均为长方形，由大梁（图 5-21 中"梁 2"）横跨长轴，均分整个房间；男柱、女柱分立于"梁 2"的两侧。在言语表述中，布朗族并不强调这一点，而傣族却极为强调，由此可看到，傣族对于梁以及梁与柱的关联性更为重视。

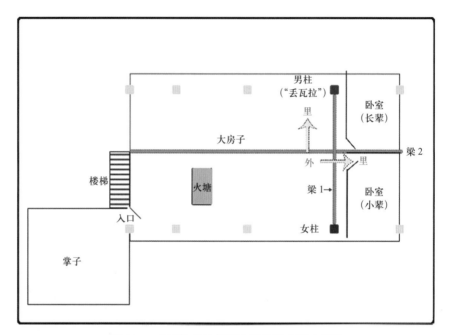

图 5-21　典型的传统傣族民居建筑功能示意图

（3）神柱的象征含义。

① 家心。在傣族村寨中，傣族人家中的神柱具有家心的象征意义。

② 家神。与布朗族相似的是，出于万物有灵的观念，在砍伐作为神柱的树木之前要进行供奉，但此时所供奉的树木并不是"丢瓦拉"，而是树灵。树木砍回来后包裹白布、立柱的整个过程中柱子都不是"丢瓦拉"，建好新房之后，傣族人会举行两次上新房仪式，在第一次上新房的仪式中，很重要的一个环节就是请"丢瓦拉"。

景迈大寨的仪式专家（安章）砍南才先如此描述这个过程："新房子里面是没有'丢瓦拉'的，需要从外面请一个'丢瓦拉'来，这个时候需要念经，还需要说一些好话，告诉外面的'丢瓦拉'，这所新房子又大又敞亮，一看就很好住，要请一个有本事的'丢瓦拉'来这里住，看护这个家，保佑这个家！""'丢瓦拉'，差不多就是汉族所说的神仙，是菩萨的小兵。每家人的'丢瓦拉'都是因为其他'丢瓦拉'不敢来保护这个家，只有它敢来，才能进入这个家的。"[1]

---

① 访谈材料基于 2019 年 1 月 8 日对景迈大寨砍南才先夫妇的田野访谈。

在傣族人的心中，"丢瓦拉"与祖先也有着明显的区别，砍南才先夫妇表示："祖先是祖先、'丢瓦拉'是'丢瓦拉'，是不一样的！"

③家主。在傣族人的心中，男柱和女柱也代表了家主夫妇。

综上所述，在傣族人的观念中，神柱是家神、家心和家主意象为一体的表象，虽各意象的重要性不能等量齐观，但南传佛教体系下的"家神"是众多意象的绝对核心，反映于住屋居住格局中，神柱以里一般是卧室，且靠近男柱的一侧为家中最年长者与家主的卧室，靠近女柱一侧为已婚晚辈的卧室。

（4）神柱的相关风俗和禁忌。神柱是一个家庭的核心象征，每户人家都必须要有神柱，才能称其为家庭。一位老人告诉我们，"不管家里多么困难，都要做一个神柱给它"[1]。景迈山的傣族因分为旱傣和水傣，对待神柱也有所不同。在旱傣的心目中，神柱所象征的"丢瓦拉"是唯一的，一家人只能有一个"丢瓦拉"，因此除非晚辈分家出去独立成家，否则不管一家人有多少套房屋，只要没有分家，一户人家就只能有一个"丢瓦拉"。景迈山班改寨的水傣却不是如此，对于他们来说，"丢瓦拉"可以有多个，一户人家如果盖了两套房屋，只要两套房屋都有人居住，就可以请两个"丢瓦拉"，除非有一套房屋弃置不用。除此之外，即便是为了方便劳作，在田地旁、茶园边建造一个简易休憩棚（图5-22），水傣人也会在这样的简易建筑中立一根神柱。

图 5-22　班改寨傣族建于田地边的休憩棚
（Riane D 摄，2021）

神柱是家中的神圣中心，家中赕佛、做礼、红白事念经等，都需要在神柱旁边完成。神柱需要每日供奉，唯一特殊的是那些建在田地边的简易棚子里的神柱可以不用每日供奉，只有去田地做活的时候，才需供奉。

在傣族，对神柱同样有很多禁忌，而且较布朗族人更为重视。我们在布朗族人家调研时，布朗族人虽口头上说外人不能靠近神柱，但并不会让我们止步于某个地方，甚至

---

① 访谈材料基于 2019 年 1 月 13 日对芒埂寨岩姓老人的田野访谈。

有时我们"识相地止步"之后，布朗族人还会招呼我们靠近神柱去观看。在傣族家庭，当我们距离神柱一定的距离时，主人便会暗示止步、不能靠近。在勐本寨一户人家做访谈时，家中男主人是汉族人，我们一行人到他家之后，男主人招呼我们在一张桌子旁入座，这张桌子恰好位于神柱旁边，女主人是傣族人，看到后，急忙将整个桌子移开，移到远离神柱靠门的一侧，才重新招呼我们坐下。

2．火塘

（1）火塘的基本特征。傣族的火塘位于住屋二楼的室内，多数正对着入口。与布朗族相同，火塘一般为长方形，由泥土、石头或者水泥、砖块砌成。火塘上面会放置铁制的三脚架，日常烹煮时可将锅具放置于其上。火塘的上方悬有铁架子，腊肉、辣椒等许多食物都会放在上面烘烤，也会将雨季收获的谷穗置于铁架子上面烤干。图 5-23 为翁基寨的"火塘党课"。

图 5-23　翁基寨的"火塘党课"
（Riane D 摄，2021）

（2）火塘的功能。傣族的火塘在功能和意义上与布朗族相近，都是日常生活中取暖、烹煮、照明的工具，也是生产活动中炒茶的器具和人们社交的场所，可以满足不同人的不同需求。

对傣族而言，火塘本身的神圣性和崇高性要比布朗族更胜一筹。在传统习俗中，一户人家举行完"上新房"仪式之后，人们便不能从火塘上方跨过，会预示有不好的事情发生。此外，傣族的火塘也具有区隔主客空间的作用，且界限要比布朗族要分明。多数情况下，客人只能坐在靠入口一侧的火塘，而不能坐在靠近神柱一侧的火塘，这不仅是为了表示对主人的尊重，更是一种禁忌。

3．"达寮"

"达寮"在傣族意为鹞鹰的眼睛，制作与使用方法与布朗族相同，例如，傣族将"达寮"与经文搭配使用，放置于楼梯口、大门口等地，示意来访者在此地要脱鞋。

不同点在于：第一，傣族"达寮"的制作者同样是村寨中的老者，但"达寮"编制完成之后，一般会拿到佛寺请佛爷念经后方能使用；第二，傣族家中建新房后，需要在第二次"上新房"仪式中，制作许多"达寮"，用茅草编织的草绳将其穿成一串，悬挂于新房四周（图5-24），而布朗族则没有这样的做法；第三，在观念上，虽然傣族也持有抵御鬼灵邪魅这些基本观念，但"达寮"也反映了他们的"里外"观："里"代表神圣、核心、首要、有序、洁净，"外"则代表世俗、边缘、次等、危险。

图 5-24 景迈大寨的一户人家房屋外面用"达寮"围了一圈

四、南传佛教与佛教景观建筑

南传佛教，是指现在盛行于东南亚斯里兰卡、越南、泰国、缅甸、老挝、柬埔寨等国，以及我国云南省傣族等地区的佛教。它是原始佛教时期之后，部派佛教中的一个派系，为佛祖释迦牟尼所创，其思想核心在于通过修炼达到涅槃的境界，以实现自我解脱。

在景迈山，南传佛教是在6～8世纪由印度传入傣族地区的，傣族成为信仰南传佛教的主体民族。根据景迈山的布朗族村民介绍，距今1000多年前，芒景归傣族土司管辖统治后，为了便于管理，傣族土司利用宗教作为引导，让原来只有民间信仰的布朗族，学习傣文，修建佛寺，供奉佛像，信奉佛教。因而，布朗族既具有民间信仰，又信奉南传佛教，南传佛教的各种佛事活动逐渐成为人们生活的重要组成部分，如泼水节、关门节及开门节。现在，在每个傣族和布朗族村寨之中都能找到一处年代久远的佛寺，这里既是人们日常休闲活动的场所，也是佛事活动的重要场所。

本书所介绍的景迈山佛教景观建筑主要分为佛寺和佛塔。

（一）佛寺

在景迈山，因南传佛教广泛形成"村村有佛寺"的景观。景迈山规模较大的村寨中都建有佛寺和佛塔，建造之初要由僧侣或村寨长者选择吉祥方位来确定具体的位置，往往为村寨地势显要、环境优美之处。佛寺是村寨中最醒目、华丽、高大的建筑。景迈山地区佛寺一般由大殿、僧舍、鼓房三部分组成，有些佛寺还带有寺门、掌子等，布局比较自由，没有明确的轴线关系。佛殿一般位于佛寺中央，是僧侣和村民日常进行佛事活动的主要场所。佛殿平面为矩形，以东西向为主轴线，主要入口设在东面山墙处，一般有外廊或围廊。屋顶形式比民居建筑更复杂，通常中部耸起向两侧逐层跌落，多为二重檐，傣族佛殿多在屋脊处有鎏金装饰。有的佛寺有僧房，一般偏于一侧，外观比佛殿较低矮简朴。

1. 芒洪佛寺

芒洪佛寺位于芒洪寨上方的一块平坝上。佛寺初建时规模宏大，有八角亭、袈裟厅、念经厅、佛殿、僧房、白塔等，占地达到 3335 平方米。现仅存佛殿（图 5-25）和八角塔两座建筑。

图 5-25　芒洪佛寺的佛殿

佛殿建筑为木质结构，重檐歇山屋顶。屋顶中堂较高，东西两侧递减，门口摆放着铓锣及象脚鼓。佛像放置于佛殿的西面，佛殿正中摆有供僧人念经的高台及象脚鼓等用品。

2. 翁基佛寺（图 5-26）

翁基佛寺位于翁基寨北端，历史悠久，于 2009 年重建，是当地村民赕佛和传承佛教文化的圣地，也是村寨传承民族历史的载体。

图 5-26　翁基佛寺

据翁基佛寺功德碑中傣文记载：翁基佛寺始建于傣历 377 年（公元 1015 年），占地面积约 1718 平方米，由佛殿、藏经阁、僧房组成，造型玲珑，外观质朴端庄。佛殿坐北朝南，是翁基佛寺规模最大、形制最完整的一个殿宇，重檐悬山顶、砖墙朱色抹灰、木结构建筑，建筑面积约为 190 平方米。藏经阁坐北朝南，为三重檐悬山顶木结构建筑。东西两厢为僧房，单檐歇山木结构建筑，建筑面积约为 55 平方米。佛寺于"文革"时被毁，现存建筑为 2009 年重建。院落和建筑基础仍保留有早期的石雕，图案质朴生动，雕刻工艺流畅自然，具有较高的艺术、历史价值。佛寺西侧有一棵千年古柏，根部径围达 11 米，树高 20 余米。

翁基寨是景迈山布朗族村寨唯一保留佛寺的村寨。"文革"以前，景迈山上的布朗族村寨大多建有佛寺，但这些佛寺在"文革"期间都被拆毁。1999 年，翁基寨全寨动员，花了 3 个月时间，修建了一座相对简陋的佛寺。2009 年，翁基寨作为景迈山旅游的重点开发区域，由当地政府和景迈山景区建设指挥部出资，在翁基佛寺原址偏北的地方重建佛寺。

3．糯岗佛寺（图 5-27）

糯岗佛寺位于村寨北侧高台上，包括寺门、佛殿、戒堂、僧房、佛塔等，占地面积约为 1691 平方米。糯岗寨内南北两条主要道路，联系起东西两个村口和寨心、佛寺等公共空间，佛寺位于南北两条道路的中心。

图 5-27 糯岗佛寺
（谢洪智摄，普洱市文化和旅游局）

主佛殿坐西朝东，为重檐悬山砖木结构建筑，建筑面积约为 130 平方米。屋顶中堂较高，东西两侧递减，墙体为红砖砌筑，外面为朱色抹灰，重檐攒尖顶，屋顶覆缅瓦、蓝红两色琉璃瓦，屋脊中有宝瓶、塔刹，屋顶装饰华丽。戒堂位于主佛殿东侧，为方形平面，重檐攒尖顶，屋顶覆蓝红两色琉璃瓦，屋脊中有宝瓶、塔刹，屋顶装饰华丽。2015 年由糯岗寨村民集体出资改建东西两座寺门，并将它改建为重檐歇山琉璃瓦顶，涂金柱子，外加陶瓷花瓶柱作围栏。主佛殿右侧为金色佛塔（图5-28），砖石结构，为南传佛教金刚宝座塔。旁有一处升佛爷的场所，是该寺庙和尚升成大佛爷进行仪式的场所，不允许女人靠近。寺庙的掌子是僧人晾晒袈裟的场所，也不允许女人进入。佛寺内有棵很大的菩提树，菩提树和佛殿中间是一个小广场（图5-29），供人们举行佛教仪式和节日欢庆活动之用。

图 5-28　糯岗佛寺内的佛塔

图 5-29　糯岗佛寺前的广场

4．景迈大寨佛寺

景迈大寨佛寺位于寨心东侧高台上，占地面积约为 1911 平方米，包括老佛殿、塔亭、佛塔、新佛殿、柴火房。

景迈大寨佛寺有新旧两座佛殿，风格迥异。旧佛殿（图 5-30）建造时间为 1992 年，坐西向东，房屋虽旧，但是建筑风格保存较完整，有雕花窗格、漆画板壁，朝北的墙壁上还有老虎、狮子等动物壁画，屋脊上有类似鹅、鸟等动物造型。新佛殿（图 5-31）坐南朝北，建筑为砖混结构，外饰以红色朱砂，屋顶为金红色琉璃彩瓦，且摆放着孔雀等造型。寺内有纸花塔、大鼓、锣等乐器，是佛教徒们祭祀亲人、缅怀祖先的主要场所。佛殿周围有"达寮"、镜子，还有各种悬挂的铃铛等装饰。旧佛殿的灰、黑、白色调折射出岁月的沧桑和亘古不变的情怀。新佛殿则金碧辉煌耀眼，和旧佛殿形成了巨大的反差。新佛殿的右侧是僧房及灶房，左侧有一棵枝繁叶茂的菩提树（图 5-32），正前方的坝子是村寨里的人们平时休闲娱乐的场所。

图 5-30　景迈大寨佛寺的旧佛殿

5．勐本佛寺（图 5-33）

勐本佛寺位于村寨中心靠东，包括寺门、主佛殿、僧房、佛塔等，占地面积约为 1666 平方米。寺门、主佛殿、僧房均坐北朝南，为 1990 年修建。佛殿的旁边是一棵菩提树，树旁有放置供奉祭品的"温吞"，还摆放众多赕佛用过的物品。

6．芒埂佛寺（图 5-34）

景迈山傣族年代最久的佛寺是芒埂佛寺，整个佛寺占地约为 1408 平方米，位于村寨的高处，包括寺门、佛殿、僧房、杂物间和灶房。佛殿面积为 124.16 平方米，长 12.8 米、宽 9.7 米，为土木结构建筑。佛殿建筑前后两侧有摆放供品的器具，约 1 米高，下由一根笔直的竹竿或水泥柱作支撑，上有一三角形造型的框架，供人们摆放米

图 5-31　景迈大寨佛寺的新佛殿

图 5-32　景迈大寨佛寺中的菩提树

饭和蜡条等祭祀物。门前的每个圆柱都绑有一根竹子，竹子上方有三个洞用于放置蜡条和花。佛殿坐南朝北，殿内佛像坐西朝东。佛像的台基有大小不等的镜子镶嵌其中，佛像下方放置了众多牛、大象的雕塑。佛殿右侧是僧房，是傣族传统的干栏式建筑，共两层。一层为村里的党建活动室，二层为佛爷居住的地方。每天早上，村寨里都会有两拨人来供奉佛爷。佛寺周围还有一个篮球场、一棵菩提树、许多"达寮"和用水泥或竹制的摆放供品的器具。

7. 班改佛寺

班改佛寺位于班改寨中心广场旁，位居整个村寨的高处。现在的佛寺是"文革"之后由村民集资及他人捐款共同修建而成，主要包括寺门、大殿、僧房及佛塔。

寺门朝向中心广场，有主门和侧门之分。主门（图 5-35）通向佛殿，屋顶为重檐攒尖顶，分段举折、如羽斯飞，脊饰华美变化多端；侧门（图 5-36）通向菩提树，两侧两龙盘踞其上，活灵活现、富丽堂皇。寺门傣顶两侧饰有孔雀。两个寺门中间都有挺拔尖耸的箭塔，流露出升腾之姿态。

大殿右方种有一棵菩提树，设有供台。佛殿正前方是一块空地，每当泼水节时，

图 5-33　勐本佛寺

图 5-34　芒埂佛寺

（任维冬摄，2019）

图 5-35 班改佛寺主门

图 5-36 班改佛寺侧门

图 5-37 班改佛寺的佛殿

众人面向佛塔进行朝拜。佛塔高约 3 米，外饰有金漆，塔帽挂有金属片及铃铛等物品。佛殿左侧有一处火塘及一茶桌，供人们喝茶聊天之用。佛殿建筑的前后两侧有摆放供品的器具。

班改佛寺的佛殿（图 5-37）坐西向东，为土木结构。屋顶为多重歇山顶，佛殿颜色以黑白为主，显得古朴庄重。进入正殿，首先映入眼帘的是一尊佛像，大的佛像坐台周围还安放小型的佛像，并摆放献祭的假花和米饭等，地下放着带有金漆牛、马形状的装饰品。佛殿进门的右侧有象脚鼓、大鼓，横梁及地上摆放着各种以往赕佛留下的祭祀品，如桶、剪纸、钱、毛巾、杯子等。

穿过正殿，打开一道门便可到达僧房（图 5-38），僧房被隔成了诸多小隔间，便于和尚以及佛爷休息时使用。侧门的旁边有一棵菩提树（图 5-39）。

（二）佛塔

佛塔是指南传佛教金刚宝座塔，一般为砖石结构，设置在佛殿的前、后、左、右，

图 5-38　班改佛寺的僧房　　　　　　　图 5-39　班改佛寺的菩提树

佛寺中往往会设置多座塔。佛塔前一般有面积不等的空场，是傣族人民举行赕塔活动的场地。景迈山佛塔受西双版纳地区的影响，单塔居多，或为一座，或为一座大塔带四座、八座小塔等形式，塔身外表涂金。

1. 芒洪八角塔（图 5-40）

芒洪八角塔位于芒景村芒洪寨后山，是清朝布朗族南传佛教佛塔，用于收藏经书和珍贵文物，现为云南省文物保护单位。以前的八角塔（图 5-41）外面有八角亭，现在已经没有八角亭。

图 5-40　芒洪八角塔　　　　　　　　　图 5-41　带有八角亭的八角塔
（Riane D 摄，2021）　　　　　　（资料来源：国家文物局，2019. 景迈山古茶林申遗文本［R］.
　　　　　　　　　　　　　　　　　　北京：国家文物局.）

八角塔为重檐攒尖顶空心石塔，由塔基、塔身、塔顶三部分组成，塔高 5.8 米，塔基为砂石、八方须弥座式。塔的东北面设一塔门，门高 1.65 米、宽 0.96 米，塔身内空心，直径为 3.36 米，为藏经书处。塔上有 23 幅石雕图案：一层有 8 幅，二层有 7 幅，

图 5-42　芒洪八角塔石雕——鲤鱼跳龙门图案

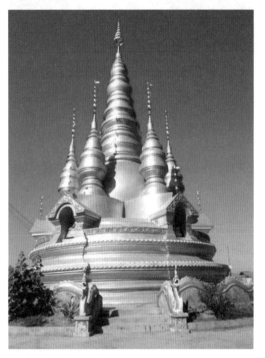

图 5-43　勐本金塔

三层有 8 幅。图案分别融汇了佛教、道教和儒教文化，如鲤鱼跳龙门（图5-42）、三阳开泰等，显示了景迈山地区自明朝开始即有儒、道、佛等多种文化的交流。整座佛塔的建筑风格十分独特，精雕细凿、非常精美。

八角塔据说是佛爷恩达班为藏经而修建，八角的寓意就是四面八方都来朝奉。每年佛寺里的佛爷都要开塔取经，为芸芸众生讲经、诵经一次。讲经的场面十分壮观，连缅甸的和尚及信徒都会前来参加，在东南亚地区有一定的影响力。据考证，八角塔里除了藏有经书外，还藏有历任有功德的佛爷和布朗族头人的名录。八角塔是南传佛教传入芒景山的见证。

2．勐本金塔（图5-43）

勐本金塔为南传佛教金刚宝座塔，位于主佛殿和僧房的西侧，塔基半径为 5 米，塔身高 11 米。在主塔四周由小塔包围，宛如群星拱月，在村舍簇拥中，分外端庄。金塔只有在高级别的佛寺内才允许修建，这是勐本佛寺成为景迈山最高级别佛寺的重要标志，也是景迈山地区佛教文化的重要见证。

第六章
景迈山建筑的历史变迁

根据考古资料显示，景迈山周边地区的历史可以追溯到新石器时代，由于元代及以前的史料极其缺乏，关于建筑的描述就更加稀少，所以，景迈山元代以前的历史和文化比较模糊。明清时期，中央政府加大了对云南边疆地区的直接管辖，景迈山周边地区被纳入各方势力的缓冲地带，逐渐形成了以少数民族自治为主的"和而不同"的多元社会政治体制，构筑了景迈山地区多样的民族文化特征，景迈山地区的历史逐渐得以清晰展现。"从明清到近现代的数百年间，景迈山周边地区经历了从初入王朝版图到土司制度统治、地方多民族政治共存及现代的基层社会组织格局的演变过程"。（饶明勇 等，2016）随着明清以来中央政府对云南进行的移民垦殖，景迈山一带人口格局发生了较大的变化。近代以来，随着"封建王朝"向"民族国家"的转变，边疆地区被纳入国家基层统治的架构中，与之相伴的是，景迈山周边地区的汉族人群不断融入少数民族地区。尤其是民国时期军阀混战以及之后的抗日战争的爆发，有外省军人大批进驻景迈山，最终促成了多民族共居的盛景。

人类的居住历史是定居史的一种反映，要考察景迈山各民族的建筑发展史，首先应掌握各民族村落的形成脉络。由于各民族迁居到景迈山的历史不一，各民族村落的形成历史也并不都在一条轨迹之上。布朗族和傣族作为景迈山周边地区的世居民族，进入景迈山地区的时间较早，因此逐渐在景迈山占据主导地位。汉族进入景迈山的时间大概是清末年间，距今大约有 150 年的历史。佤族、哈尼族则是近代随着民族迁徙而来到景迈山生活的，据相关口述史料表明，大约有 100 多年的历史。

一、景迈山村寨的历史概况

各民族人民在景迈山定居，种茶为生，相互交流、和谐共处，共同建设着美丽的茶山家园。各民族在景迈山扎根的历史就是每个村寨的形成史，村落历史有的凝结于文献记载中，有的散见于人们的记忆中。因缺少史料，如今很少有人能确切知道各村落的历史，许多村民的记忆仅能追溯到 20 世纪初，但将这些零散的历史记忆串联起来，依稀能看到景迈山各民族共生共融、你中有我、我中有你的文化共襄景观。

在田野访谈中，我们了解到，1949 年以前各村寨在空间规模上变化不大。20 世纪90 年代以后，由于村寨的发展，芒景上寨、芒洪寨、翁基寨、翁洼寨、景迈大寨、糯岗寨等均在原来老寨以外另行建设了新寨，而勐本寨、芒埂寨、芒景下寨等则在老寨四周向外扩展。

（一）芒景村：布朗族村寨的历史

根据芒景佛寺木塔石碑记载，在公元 10 世纪，布朗族先民已经迁徙到景迈山，并开始发现、驯化、栽培茶树，距今已逾千年。布朗族在南下迁徙的途中，经历了两大灾难，一是战争，二是疾病（由瘴气引起）。由于在途中发现了茶树可以治病，所以布朗族在迁徙途中一路种茶，遇到不能种植茶树的地方就继续迁徙。因为布朗族先民害怕疾病的侵袭，认为只有茶树存活的地方，人类才可以定居，所以，布朗族的茶树种植历史比建寨史更为久远。

芒景村是位于云南省澜沧县惠民镇南部的一个以布朗族为主的村寨，地处景迈"千年万亩古茶林"的核心地带。村委会所在地芒景上寨，距惠民镇政府驻地29公里，距县城74公里。芒景村北边与景迈村（傣族）为邻，东南边与西双版纳州勐海县接壤，西边与糯福乡相连。芒景村有茂密的原始森林、珍贵的野生药材，还有各种各样的飞禽走兽，一直是人与自然和谐发展的一块宝地。

关于芒景村的行政归属，《芒景布朗族与茶》中记载道："许久以前，芒景属于景洪管辖，后归孟连宣抚司所管，清代属于景迈粮目，民国时期设保。1950年属于镇边区景迈村，1962年设乡，1974年定为布朗族乡，1980年改为村公所，1984年从糯福乡划分出来归惠民乡管辖，2003年改为村民委员会。全村辖6个自然村（村民小组），共593户，近2500人。其中芒洪寨179户，802人；芒景下寨68户，296人；翁基寨76户，293人；翁洼寨116户，459人；那耐寨35户，116人；芒景上寨119户，519人。"（苏国文，2009）

据2020年田野访谈数据显示，芒景村分为6个村民小组，共有712户，2897人。下辖芒洪寨、芒景上寨、芒景下寨、翁基寨、翁洼寨、那耐寨6个村民小组；除那耐寨为哈尼族外，其余5个村民小组均为布朗族。人口构成以布朗族为主，此外还有少量汉族、傣族、哈尼族。芒景上寨152户，632人；芒景下寨79户，234人；翁基寨89户，334人；芒洪寨219户，931人；翁洼寨135户，639人；那耐寨38户，127人。[①]

1. 芒景村：芒洪寨（图6-1）

"芒洪"意为"山鹰之寨"。芒洪寨为布朗族聚居村寨，位于景迈山山脊走线南端与笼山山脊之间的山腰地区，村寨呈现出沿等高线分布的形态，整个村寨格局清晰、民居建筑风貌较好。芒洪寨的村民信仰南传佛教。村民居住的房屋一般为全木干栏式

图6-1 芒洪寨
（Riane D摄，2021）

① 数据来自2020年1月13日对芒景村村委会主任科爱华的田野访谈。

结构，屋顶为陡峭坡面，用传统挂瓦覆盖，与房屋楼面平齐有露天掌子，可晾晒谷物或纳凉。

　　明中叶之前，芒洪寨布朗族先民仍拥有民间信仰，他们以立寨心和祭祀寨心的方式表达对土地的崇拜。村寨的形态为依山而建、建筑围绕寨心的格局。同时，由于种植茶树是景迈山先民的主要生计方式，布朗族便将茶叶中的"一芽两叶"为装饰，应用于民居建筑的屋顶上。明清以来，土司制度盛行，傣族的生活方式和文化宗教对其他少数民族具有深刻的影响。景迈山地区的布朗族在潜移默化中也逐步接受了南传佛教的信仰。南传佛教成为了其主要宗教信仰。清代，芒洪上寨、芒洪下寨的高地上，建起了佛寺与八角塔。现存八角塔上的砖雕，刻画的故事包含了自然崇拜及佛祖禅悟的内容，体现了两者的融合。佛寺位于村寨的最高点，使村寨建设逐渐脱离了围绕寨心的单一方式，呈现出沿等高线阶梯状分布的特征。

　　2．芒景村：芒景上寨（图6-2）

　　公元10世纪，布朗族祖先帕哎冷率领部落来到芒景山以后，最早居住在芒景上寨东侧的山上，以种茶、打猎为生，后考虑到集聚容易产生火灾，部落开始分散建设村寨。芒景上寨为布朗族聚居的村落，位于景迈山山脊走线南端与笼山山脊之间的山腰地区，由北向南依次为新寨和老寨两部分。芒景上寨的西北侧为帕哎冷寺，是芒景上寨、芒景下寨重要的宗教和民俗活动场所。芒景上寨最北端山上有一棵百年老榕树（蜂神树），也是布朗族崇拜的神树。芒景上寨的民居建筑依寨心呈向心布局，寨心处有纪念七公主的公主泉及公主榕树。芒景上寨、芒景下寨之间建有介绍普洱茶发展历史的芒景茶博物馆。

图6-2　芒景上寨

　　芒景上寨是历代布朗族头人居住的地方，现在是芒景村行政、文化中心。老寨围绕寨心而建，南端有寨门。1990年开始向东、向北建设新寨。目前建设用地面积为133000

平方米，2020 年全村寨有 152 户、632 人，人口构成以布朗族为主，此外还有少量汉族、傣族和哈尼族。

3．芒景村：芒景下寨（图6-3）

芒景下寨位于云南省普洱市澜沧县惠民镇芒景村南部，北邻芒景上寨，南接芒洪寨，西临南门河。景迈大道南北贯穿芒景下寨，向北联系景迈山古茶园内其他传统村寨，并连接惠民镇及 G214 国道。村寨距景迈大寨约 10.4 公里，距惠民镇 29.5 公里。芒景下寨民居建筑围绕寨心呈向心布局。由于建设用地紧张，芒景下寨在不同时期建设的三个村民小组中分别设置了寨心。芒景下寨最东端有古柏树，北部山区留有公主坟，以及布朗族桑康节最重要的祭祀场地"茶魂台"，在山间林地建立了信仰场所，保留帕哎冷和七公主的神话传说景点，是最能体现布朗族祖先文化和普洱茶演化历史的村寨。村寨民族构成以布朗族为主，还有少量汉族、傣族。芒景下寨 1990 年之后向周围扩建，目前在南侧有小规模的新寨，建设用地面积为 75000 平方米。

图 6-3　芒景下寨

4．芒景村：翁基寨（图6-4）

"翁基"系布朗语音译，"翁"意为出水，"基"意为居住地。公元 10 世纪，翁基寨建在今村寨东侧的黑龙地山下，但由于水源等原因而迁至现在的老寨位置。2010 年以后，翁基寨逐渐向北部、南部扩建，目前村寨建设面积达到 77500 平方米，2020 年村寨有 89 户、334 人。

翁基寨是一个典型的布朗族村寨，距离镇政府所在地 28 公里，与糯岗寨是整个景迈—芒景地区保存最为完整的两个村寨，整体民居建筑风貌保存良好。村寨主要有古民居、柏树、佛寺、寨心、风雨亭、村民制茶区、民居体验馆、古榕树等景点。村寨最北端是村寨的信仰空间——翁基佛寺所在地。翁基佛寺历史悠久，于 2009 年重建，寺内西侧有一棵古柏树，约有 2580 年的树龄，其树径约为 3.5 米。翁基寨最大的特点是"古"，寨心位于村落的中心位置，民居建筑围绕寨心呈典型的向心式布局，北端建筑密集，南端至公共建筑风雨亭处建筑渐少，呈倒三角形。翁基寨村民主要以种茶卖茶为

图 6-4　翁基寨
（Riane D 摄，2021）

生，茶产业收入约占农村经济总收入的 80%，相对其他村寨而言，经济收入更依赖于茶的种植和售卖。

5．芒景村：翁洼寨（图 6-5）

公元 10 世纪翁洼寨从部落迁出来以后，寨址选在今翁基寨与翁洼老寨之间的大榕树下，但是由于取水不便，迁至现在的翁洼老寨位置，并建寨心。1990 年以后，由于翁洼老寨处于地势较陡的半坡上，遂向西南方向建设新寨，新建寨心，陡峭的地势使翁洼新寨分成几个村民小组。目前建设用地为 145700 平方米，2020 年村寨有 135 户、639 人。

图 6-5　翁洼寨
（资料来源：国家文物局，2020. 普洱景迈山古茶林申遗文本［R］. 北京：国家文物局.）

（二）景迈村：傣族村寨的历史

傣族到来之后，由于拥有较先进的生产技术和文化，对景迈山布朗族产生了较大的影响，这种影响慢慢渗透到布朗族的日常生活及宗教信仰等方方面面。

景迈村位于惠民镇的西南部，村委会驻地是景迈大寨，距惠民镇政府驻地 20 公里，东与旱谷坪村相邻，南与糯福乡阿木嘎村相连，西与芒景村相连，北和西双版纳州勐海县勐满镇城子村接壤。景迈村包括景迈大寨、勐本寨、芒埂寨、糯岗寨、老酒房寨、南座寨、笼蚌寨、班改寨 8 个自然村寨（村民小组）。景迈村人口构成以傣族为主，是傣族、哈尼族、佤族的混居地。

1．景迈村：景迈大寨（图6-6）

"景迈"是傣语，"景"的意思是"城子或小土司官驻地"，"迈"的意思是"新的"。景迈大寨是 14 世纪傣族先民迁徙到景迈山后的第一个部落聚居点，处于整个景迈山对外交通枢纽的地方。早期村寨围绕寨心集中建设，周围种植茶林。20 世纪 90 年代开始，老寨东扩，并在西侧建设下寨，1992 年新建新佛殿。2014 年，为了保护古茶林，原穿越大平掌古茶林的县道 XJ69 改线从景迈大寨穿过，下寨西侧沿公路又建设了新寨。目前村寨建设用地为 154800 平方米，2018 年年末人口 932 人，各类建筑 295 栋，其中民居建筑 281 栋。村民主要以农耕和茶叶种植为生。

图 6-6　2002 年时的景迈大寨
（Riane D 摄，2021）

从地理位置来看，景迈大寨位于景迈山北坡，由于经济发展较快，村落民居建筑的整体风貌中新建砖房建筑较多。村落东侧为大寨竜山，傣族居民死后均埋葬于此。村落西南侧紧靠景迈山主峰，有茶马古道（古茶道）从村落南侧蜿蜒而上。村落中心由大寨佛寺、大寨神泉组成，邻近的周边建筑显现出一种向心式布局。随着村寨规模的扩大，村寨建筑逐渐摆脱了向心布局的控制，显现出规整格网状布局形态。景迈大寨的建寨传说与糯岗等地的传说大体相同，也侧面说明了这些傣族村寨在很久之前大约是一个村子，只是随着时间的更迭而不断分居，形成现在的分布情况。

2．景迈村：勐本寨（图6-7）

"勐本"是傣语，意为"山上寨子的行政中心"。14～15世纪勐本寨从景迈大寨分出。勐本寨位于白象山东北侧，建于山脊上，与芒埂寨相邻，是典型的受自然条件制约的村寨。村寨民居建筑由南向北逐层降低，整体布局形态为成团成簇的散点式格局，人口为538人。村寨内现有各类建筑203栋，其中民居建筑为136栋。

图6-7　勐本寨
（普洱市文化和旅游局供图）

勐本佛寺位于村落中心靠东，包括寺门、主佛殿、僧房、佛塔等，占地面积约为1666平方米。寺门、主佛殿、僧房均坐北朝南，佛塔为南传佛教金刚宝座塔。

3．景迈村：芒埂寨

"芒埂"傣语为"分出去的寨子"，芒埂寨（图6-8）据说是从勐本寨分出的，与勐本寨距离很近，且中间的连接道路上有两棵大树紧紧相连，当地称之为牵手树。芒埂寨位于景迈山东北侧，人口为296人。村落布置在紧邻山脊线的北侧，村寨呈向心式布局，民居建筑由南向北逐层降低。村寨中心由相邻的萨迪井、寨心及萨迪冢共同组成，金水塘等水体景观布局在邻近村寨核心的位置，体现了傣族民族习俗与水体的紧密联系。

村寨内现有各类建筑108栋，其中民居建筑40栋，南侧有寨门，寨心和佛寺位于村寨中心。芒埂佛寺是景迈山傣族佛寺中年代最久的佛寺，1976年一茶农修缮房屋引发火灾，造成除佛寺以外的村寨大部分房屋被毁，后重建，2000年之后进行过局部修缮。

图 6-8 芒埂寨
（任维冬，2019 年摄）

4．景迈村：糯岗寨

"糯岗"系傣语，"糯"指水、水塘，"岗"指马鹿，意思是马鹿喝水的地方。
14～15 世纪糯岗寨从景迈大寨分出，早先的糯岗旧寨位于现糯岗老寨 500 米以外的东北
侧山坡上，百余年前发生流行性疾病，人们搬迁至现在的糯岗老寨（图 6-9）。糯岗旧寨
遗址面积约为 20000 平方米，地表除中部位置现尚存有边长约 7 米的方形寨心，遗址处

图 6-9 糯岗老寨
（Riane D 摄，2021）

已不见其他建筑遗迹。糯岗老寨围绕村寨中央的寨心呈典型的向心式布局。2000 年，为了更好地保护老寨，在老寨以西建设独立的糯岗新寨。目前，糯岗新寨和糯岗老寨建设用地共为 222300 平方米，人口为 654 人，其中，糯岗老寨面积约为 42000 平方米，人口为 304 人。

现在的糯岗老寨位于白象山脉西部的糯岗山下，海拔 1450 米，距景迈大寨 6 公里。其传统景观格局也最为鲜明，整体民居建筑风貌保存良好，属于景迈山保存完整的两个古村落之一。糯岗寨选址于山坳处，除佛寺和观景台分别位于北侧和南侧的山丘上，占据制高点以外，村寨内部地处洼地，地势变化较小。糯岗老寨呈典型的向心式格局，村寨中心即为寨心。因地势较低，溪流湖泊在此汇聚，村落水系顺应建筑肌理，最终在村落汇聚，构成村落格局的要素。

5. 景迈村：老酒房寨（图 6-10）

景迈山的汉族主要聚居于老酒房寨，它隶属于景迈村行政区划内，是唯一的汉族村寨。村寨建设用地面积约为 102500 平方米，民居建筑 48 栋，其中传统民居建筑 5 栋。村寨内现有 42 户，208 人，村寨人口构成 90% 以上是汉族。[①]老酒房寨总耕地面积约为 340000 平方米，目前以种茶、加工茶叶和售茶为主要经济来源。

图 6-10　老酒房寨

（资料来源：国家文物局，2020. 普洱景迈山古茶林申遗文本［R］. 北京：国家文物局.）

根据田野访谈得知，老酒房寨大约有 150 多年的历史。景谷汉人最早搬来定居，并把老家的烤酒技艺也带过来了。也许是浓郁的酒香吸引了大量的外地汉人来这里定居，他们在这里娶妻生子、繁衍发展。渐渐地老酒房寨无法再承载这么多人，便又扩建了一个新寨，也就是新酒房寨。新酒房寨坐落于现在的景迈大寨景迈小学之处，不过现在已

---

① 　材料基于 2020 年 1 月 18 日对老酒房寨村民小组组长范健全的田野访谈。

经没有了，因为新酒房寨的许多人都迁往勐满镇、曼贺东村等地，剩下一些人又并到了老酒房寨。

6．景迈村：南座寨（图 6-11）

景迈山的佤族主要聚居在南座寨，它属于景迈村的行政区划内，村内有 30 户，125人，人口构成除了少数因为姻亲关系而来的傣族、拉祜族等，其余全是佤族。据当地村民介绍，南座寨的佤族是从孟连县搬过来的，具体年代不详。据南座寨村委会妇女主任咪萝 [①] 介绍，最早，这里只有 3 户人家，3 男 4 女，发展至今共有五代人左右，由此可推断出南座寨至少已有 100 多年的历史。"目前南座寨共有郭（分两支）、陈、王、马、魏、罗六姓，历史上还有杨姓，但是已经无后人。"（饶明勇 等，2016）历史上南座寨经历了三次大的搬迁，现在村寨所在的位置是第三次搬迁的结果，三次搬迁都是围绕着山腰上的水井进行的。

图 6-11　南座寨
（Riane D 摄，2021）

虽然佤族有自己的语言，但是由于身处景迈村这个傣族聚居区，也深受傣族的影响，不仅是语言，还有历史传说中都带有明显的傣族元素。

7．景迈村：笼蚌寨（图 6-12）

景迈山的哈尼族主要聚居在笼蚌寨，在行政区划上隶属于景迈村，村寨分新寨和老寨。笼蚌寨距离惠民镇政府 28 公里，海拔 1220 米左右。"公元 1917 年左右，南腊河东

[①]　资料基于 2019 年 2 月 17 日对南座寨村委会妇女主任咪萝（汉族名为郭晓英）的田野访谈。

图 6-12　笼蚌寨
（Riane D 摄，2021）

岸的三个寨子帕乃养、芒云（当时称为回竜）、南波别（当时称为勐根）的阿卡人前后来跨过河，来到了景迈山。"（饶明勇 等，2016）根据笼蚌寨村民所说，哈尼族先民跨过了一条长长的河流，到此定居并建成了现在的老寨。算起来，哈尼族在景迈山定居的时间大约为 100 年。

8．景迈村：班改寨

"班改"原名为"帮改"，"帮改"名字得名于帮助芒景的布朗族养牛，"帮"就是帮忙的意思，"改"是傣语水牛的意思，后更名为班改。班改寨有新寨和老寨之分，共 91户，416 人，其中 7 户是汉族，其余全是傣族，这里的傣族属于水傣。班改寨的傣族和汉族是从三个地方迁至此地：一是勐满，二是孟连，三是芒景。

从以上对景迈山各民族村落历史的梳理可知，傣族、布朗族来到景迈山的时间最长，迄今有上千年的历史，哈尼族、佤族、汉族来到景迈山定居时间较短，大概 100 余年，后来民族受到先来民族的影响，建筑的发展历史也不尽相同。根据史料及田野访谈材料，可以梳理出 20 世纪至今景迈山建筑的演变历史，而更早的建筑历史由于没有相关史料记载，因此无从考证。从整个云南少数民族民居建筑历史发展来看，在 1949 年及以前的若干年间，景迈山的民居建筑应是以茅草屋为主。

二、景迈山布朗族民居建筑的历史变迁

（一）景迈山布朗族民居建筑形制的变迁

1．第一代民居建筑：茅草窝棚（游猎时代后期）

建筑材料：树杈、茅草、树叶。

建筑形制：由六根树杈、三根梁建成，茅草树叶覆盖，屋内分高低两层，高处睡人，

低处做饭。茅草窝棚或搭建于山坡上，或搭建于围拢的树干上，是一种临时性住所。

形成原因：游猎时代，人们的住所往往是不固定的，因而建造简易、便于迁徙。

2．第二代民居建筑：权权房/茅屋（刀耕火种时期）

建筑材料：竹片、茅草。

建筑形制：就地立起，周围用竹片交叉搭成人字形屋架，然后盖以茅草作屋顶。屋内分一大一小两间，小间是专门放农具和舂米的地方，大间为卧室、厨房和客厅，一半有用竹篱笆搭起来的约高30厘米的台子，供人们睡觉用，另一半供烧火煮饭和待客用。

第二代民居建筑由第一代民居建筑的悬空变为就地立起，建筑技术方面出现了交叉人字形的物架形式，屋内有分隔。

形成原因：刀耕火种时期，人们开始在一段时期内过着定居生活。

3．第三代民居建筑：草顶竹木楼（19世纪末～20世纪70年代）

建筑材料：木头、竹子和茅草。

建筑形制：一楼一底，木埋土为柱。第一层分高矮两台，两台相差约20厘米，一大一小两间，大间高，小间矮，楼梯搭在小间上，人先通过小间再进入大间。大间为卧室、客厅、厨房，小间摆放农具、饲料、竹水桶。第二层楼完全不封闭，主要是装农具、粮食、食物的地方。这种住屋比之第二代民居建筑有了很大进步，出现了"一楼一底"的空间结构形式，是干栏式民居建筑的前身。

布朗族第三代民居建筑基本上奠定了布朗族民居的结构和风格，后来的民居建筑都是在这个基础上完善、升级的。

4．第四代民居建筑（图6-13）：瓦顶木楼房（20世纪八九十年代）

建筑材料：木头、挂瓦（图6-14）。

图6-13　布朗族第四代民居建筑

图 6-14 挂瓦
（任维冬摄，2019）

建筑形制：第四代民居建筑在第三代民居建筑的基础上做了较大的改革创新，在不改变干栏式建筑结构和风格的前提下，做了如下调整。

（1）柱根不再入土，用石墩脚支撑。

（2）屋顶用挂瓦。

（3）墙板加高并留有窗户。

（4）主屋内部区域划分细化。

（5）火塘分离。

（6）底层不再养家畜，设有卫生间。

5．第五代民居建筑：砖混结构住宅楼（21 世纪初至今）

建筑材料：红砖、钢筋水泥等，以及挂瓦。

建筑形制：

（1）一层层高为 3.5～4 米，不再是圈养牲畜的地方，而是具有以下几种用途：开店门面、储藏室、车库、茶室等。二层层高约为 3 米，为家庭活动空间，一般有卧室、客厅、厨房等功能区，都是单独的隔间。

（2）内部设施人性化、实用化、小康化。火塘被移到了厨房，甚至有些人家已经不设火塘。掌子在这类民居建筑中被移到了楼顶。猪圈被移出主体房屋，用红砖水泥盖成，放置在房前屋后。厕所，有些人家置于屋外，与猪圈相邻，也有人家建在屋内。

（3）外观民族化。外观采取"穿衣戴帽"①的方式，恢复了民族风格和特色。

（二）景迈山布朗族民居建筑文化符号的变迁

1．植物装饰符号

布朗族传统民居建筑的植物装饰包括龙须藤、石斛、腊肠豆、葫芦等，以及一些其他的草本、木本植物。经过多次田野访谈发现，这些植物并不完全是作为装饰，以前，人们将大豆角和腊肠豆挂在房前屋后的横梁上，也是为了抵御自然灾害带来的饥荒，以求生存。逐渐地，这种悬挂的植物变成了现在的装饰品，甚至成为布朗族民居建筑的文化符号。

2．屋顶的装饰符号

（1）标箭。就标箭的材料变迁来看，一开始的茅草房上的标箭是竹制的，而且没有统一的形状，只是被削成大致像箭的形状，而且也并不是一个装饰，是实用的建筑结构之一。瓦片房屋出现之后，标箭的实用价值消失了，但其作为文化符号得以留存。

（2）"一芽两叶"。正如布朗族古歌中唱的"一切从茶中来"。布朗族民居建筑的屋顶上有一个很重要的装饰就是"一芽两叶"，即象征茶叶。其民居建筑外面的栏杆也会

---

① 2013 年 4 月，当地政府对村寨道路两侧的民居进行改造，包括展台栏杆、楼梯、檐口、屋顶、门窗、外墙面，以及太阳能装置等。改造分为改变材料和改变形式，以延续其特有聚落与传统民居建筑的风貌。

刻有茶叶图腾。

（三）景迈山布朗族民居建筑功能空间的变迁

布朗族民居建筑功能空间的变迁主要体现在生活空间之中。布朗族民居建筑生活空间中最为重要的就是火塘，它是布朗族最重要的生活空间，因此布朗族文化也称为"火塘文化"。

火塘就其位置与功能的变迁来看，在第一代民居建筑到第五代民居建筑的漫长岁月里，人们与火塘相生相依，火塘位于二楼（或最早建筑的一层）的中间，与床铺、吃饭的地方紧紧相邻。在布朗族的传说中，火塘是不能熄灭的，只有永不熄灭，才意味着火塘的主人家永远兴旺发达。从第四代民居建筑开始，人们开始在火塘上手工炒茶，并拿去贩卖，以维持生计。21世纪初第五代民居建筑出现以后，生产技术的逐步提升使得人们不再需要用生火来取暖，也不再依靠火塘作为唯一的做饭能源，火塘逐渐失去很多以往的实用功能。布朗族年轻的一代甚至认为火塘处于床铺的旁边，"让床变得黑黢黢的，特别不干净"。所以从21世纪开始，人们翻修或者重建了新的住屋之后，就把火塘移到了厨房或者掌子等地，不与卧室相邻，或者将其从二楼空间的中心移到了进门左边的角落，尽量不影响人们的起居舒适度。这个时期，虽然液化气、保温杯、烧水壶等现代物品走进千家万户，使得火塘变得好像没那么有用，但有些布朗族人仍然会使用火塘。一个被访谈的布朗族妇女说，她每天早上一起床就会到火塘生火，平时不忙的时候也都是用火塘做饭，所以可以看出，习惯与认同的力量仍然会推动民族文化符号的保存与传承。

三、景迈山傣族民居建筑的历史变迁

（一）景迈山傣族民居建筑形制的变迁

1．第一代民居建筑：茅草窝棚（游猎时期）

建筑材料：树杈、茅草、树叶。

建筑形制：由树杈和三根梁建成，茅草树叶覆盖，屋内分高低两层，高处睡人，低处做饭。茅草窝棚或搭建于山坡上，或搭建于围拢的树干上，是一种临时性的住所。

形成原因：游猎时期，人们的住所往往是不固定的，建造简易、便于迁徙。

2．第二代民居建筑：茅草房（图6-15）（刀耕火种时期）

建筑材料：竹子、木头和茅草。

建筑形制：茅草房只有一层，层高为4米；内部空间没有分隔，火塘在屋子中央，是做饭、炒茶、社交等日常生活的场所；已经存在神柱（"丢瓦拉"），

图6-15　云南地区的茅草房
（任维冬摄，1997）

其象征着一个家庭的祖先。老人住的房间在神柱以里的屋内；房屋内部没有出现地板和床，人们都是直接在地上搭个木台子、垫上草席睡觉。房屋屋顶的形状是一个木杆交叉而成的"×"形装饰，起到固定房屋的作用。

此阶段还没有开始普遍饲养牲畜、定居农业生产，刀耕火种为重要的生计方式，所以简易的窝铺是较好的选择。

3. 第三代民居建筑：茅草屋顶竹木房（图6-16）（19世纪末～20世纪70年代）

图6-16　云南地区茅草屋顶竹木房
（任维冬摄，1997）

建筑材料：茅草作屋顶、竹篾作楼板和围板，木头作框架。其来源、名称与第二代民居建筑中描述的几乎一样，只是因为这一代房屋已经出现了干栏式建筑的模样，所以竹子编织的竹篾不仅用于作围板，还会用来作二层的楼板。木头是直接埋入土中作为柱子，所以房屋的使用年限并不长久。

建筑形制：第一，房屋从一层变为两层。傣族人开始从当地湿热的气候中掌握了建房的关键点，懂得了只有住处远离地面，才能最大程度地延长其保质期，维持居住的舒适度。一楼总体层高约1.5米，用于养猪、养牛等，周围用木板或竹篾围起来，有专门的区域放置柴火和农具等。这个时期出现了人工碾米机，也被存放在一楼。二楼用于住人，火塘仍在客厅正中间，神柱在火塘两侧，老人房间在神柱以里的空间，用木板或竹篾隔开，空间较小，这时仍睡在席子上。第二，在二楼楼梯靠外，掌子出现了，这时的掌子是用竹子搭成的，平时用于晾晒衣物和谷物、蔬菜等，掌子的高度要比二楼楼层低至少30厘米。房屋屋顶的装饰和第一代民居建筑一样。

4. 第四代民居建筑：木质瓦房（20世纪80年代～21世纪初）

这一代民居建筑是木质瓦房（图6-17）。

建筑材料：用土瓦作屋顶，用木头作框架、墙体与地板。这时的房屋更加追求稳固性，茅草与竹子已经不再被使用，全部使用木头，红毛树是主要材料。为了延长柱子的使用年限，出现了石墩脚，目的是防潮防蛀。一些人家的瓦片是自己用土烧制

图 6-17　糯岗寨傣族第四代民居建筑：木质瓦房
（任维冬摄，2019）

的，质量不佳；大部分人家的瓦片都是购买的。后期建筑还使用了水泥和红砖，主要用于搭建掌子。

建筑形制：第一，房屋整体空间变大，一层层高及二层最低处层高都从 1.5 米变成了 2 米。第二，功能空间增加，一层仍然是被用来圈养牲畜、存储柴火、置放农具，围栏都是用木板制作，而且出现了专门的谷仓，位置就在掌子的正下方。二层的卧室空间完全被隔开，出现了床，卧室的内部空间也更大了，神柱背后的空间都被隔开。二层楼梯口正对面的地方出现了单独的小隔间，一般是给客人或者年轻夫妻住的。第三，因为大规模使用水泥，屋顶装饰从这个时期开始用水泥制作，牛角脊饰更加精美。

5．第五代民居建筑：砖混结构楼房（图 6-18）（21 世纪初至今）

2007 年至今的第五代民居建筑是砖混结构楼房，也就是现在的景迈大寨最常见的房屋造型。

建材材料：钢筋水泥，其来源是建房屋的人家自行购买的；瓦片傣顶大多是 2013 年之后由政府统一规划才修建的。许多人家进行了"穿衣戴帽"的改建，在房屋外墙贴上了木板。

建筑形制：除了房屋建材发生了巨大改变外，房屋内部空间及外形也都发生了很大变化。第一，从干栏式建筑变成了类似于现代农村中汉族居住的两层小楼房。一层不再用来圈养家畜，即不再是开放空间，而是用墙体包围起来，大多被用来作车库和储物间。二楼楼梯口的空间增大，形成了类似于西双版纳傣族传统民居中的前廊，这个空间被很多人家利用来作茶室。第二，厨房被单独隔开，火塘从客厅移到了厨房中。第三，掌子产生了位置的迁移，很多人家是平顶房，房顶就是掌子。第四，砖瓦房失去了傣顶及其屋顶的牛角装饰。一些人家因政府要求修建傣顶，所以家中不再有

图 6-18　傣族"穿衣戴帽"的砖混结构楼房

掌子的存在。这一代民居建筑的屋顶完全是用水泥来制作屋顶牛角脊饰，其造型精美，具有民族风情。

　　这一代民居建筑最大的特点是内部空间的巨大变动，尤其是在茶叶经济的影响下，茶室成为很多家庭必不可少的选择。由于景迈大寨大多数人家都以卖鲜叶茶为生，所以茶叶加工室还没有普及。在田野访谈中得知，政府的统一规划并不是一蹴而就，而是经过了一波三折的过程：从第五代民居建筑也就是 2007 年开始，政府开始着手对景迈大寨的房屋进行统一规划，由于景迈大寨的茶叶经济发展优于其他村寨，砖混结构的房屋建设的时间最早，且当时政府管理力度并不大，所以很难制止砖混结构建筑增长的风潮。从 2013 年开始，政府加大了管理力度，村民修建新房必须经过层层审批，所以近年来景迈大寨几乎没有砖混结构楼房的出现。

　　综上所述，由于布朗族、傣族进入景迈山的时间相近，民居建筑发展的脚步也几乎保持了一致。近代以前的民居建筑以简易茅草屋为主，近代以来（晚清至今）的民居建筑发展为落地式茅草屋与干栏式两种建筑形制，其中落地式茅草屋存在的时间较短，是作为游猎到农耕时期的过渡性民居建筑。干栏式建筑成为主流，是适应当地地理、气候、人文，以及受到外来文化影响的产物。虽然布朗族、傣族建筑非常相似，但由于所处地域和民族习俗的差异，以及民族本身特性的保留，两者仍存在着差异。布朗族民居建筑整体造型比较简洁、方整、质朴，傣族民居建筑则造型灵活多变、色彩鲜艳；布朗族民居建筑堂屋多兼卧室，主人住在堂屋内，外人可通过向神柱献蜡条接近里屋，而傣族堂屋与卧室有着严格的区分，客人住堂屋，卧室不欢迎外人进入；布朗族的民居建筑屋顶多为单檐，傣族则多采用重檐；在装饰方面也有较明显区别，布朗族民居建筑脊饰多为茶叶状，傣族则为牛角脊饰。

（二）景迈山傣族民居建筑文化符号的变迁

1．牛角

几乎所有的傣族民居建筑的屋顶都有牛角脊饰，当地人表示其主要源于茅草房时期屋顶的形制，另一方面在于傣族是农耕民族，他们长期以来利用黄牛犁田，黄牛对傣族人来说代表着谷物的兴盛，而黄牛本身强大的力量使得傣族人对其存有崇拜情结。

牛角脊饰位于民居建筑屋脊的两端。在20世纪80年代以前，景迈山傣族民居建筑的屋顶并非是现在的牛角装饰，而是用竹子或树干交叉而成的"×"形，它具有相当大的实用功能，即形成的"×"形造型可使房屋屋顶更加牢固稳定。根据当地人所说，这时的"×"形已经有了牛角的意义。从20世纪80年代开始，景迈山傣族民居建筑几乎都使用木板的"×"形，同时也出现了一些用木头雕刻的牛角造型装饰。90年代以后，随着水泥等建材的普及，出现了用水泥制作的牛角脊饰，比之前的"×"形造型更加精美。

2．植物装饰

因为地处同一山脉中生活，傣族和布朗族在植物装饰上有很多相同的地方，如在傣族居住的地方也同样有石斛、野豆等装饰。与布朗族的植物装饰中不同的是，傣族喜用芭蕉，这些植物在20世纪80年代之前是作为食物、药材，家庭联产承包责任制推行之后，农民生活的水平提高了，它们也就不再被用于食用，但将其悬挂于房梁上储存的习惯却就此延续下来。现在植物装饰成为傣族民居建筑的装饰品，也是民族文化名片之一，成为傣族村民文化认同的一部分。

（三）景迈山傣族民居建筑功能空间的变迁

1．生活空间

（1）掌子（图6-19）是景迈山傣族民居建筑内部重要的部分，是干栏式建筑二楼一块约十多平方米的平台。在传统的景迈山傣族民居建筑中，掌子的用途主要是晾晒衣物、谷物和社交娱乐。集体经济时代，即20世纪50~80年代，掌子主要用来晾晒茶叶。由于当时茶叶产量低，所以虽然掌子被利用，但并没有发生特别大的变化。

图 6-19　傣族民居建筑中的掌子

（Riane D 摄，2021）

家庭联产承包责任制确立后，每家每户都分到了茶地，人们逐渐开始不再自己晾晒茶叶和炒茶，而是直接收集鲜叶茶贩卖，因此这个时期的掌子不再具有晾晒茶叶的功能。从20世纪80年代到2000年，傣族民居建筑中掌子形制没有发生大的改变，只是在建材上发生了变化——由木质掌子变成水泥红砖制作的掌子。2007年开始，茶叶价格飞涨，景迈山家家户户都开始种茶、卖茶。村民中很多人自己售卖干茶、散茶，所以掌子的功能又得以被人开发，2010年之后，修建了很多晒茶棚。根据人们销售茶叶方式的不同，掌子的功能也表现出不同的形式：第一种情况是不卖干茶，而是一直坚持从事售卖鲜叶茶的人家，其家里基本没有晒茶棚，掌子也不被用来晒茶，但是因为要进行茶叶生意，所以需要一个比客厅更公开的空间来进行招待茶商或者社交等活动，掌子就被很多人家改建成了客厅，摆放了茶桌和椅子等；第二种情况是售卖干茶，甚至自行购买机器进行茶叶加工或收集他人采集的鲜叶茶进行加工的人家，其家里掌子晾晒的功能也在弱化，因为原有的掌子面积过于狭小，并不能够晾晒大量的茶叶，于是便搭建了晒茶棚或是修建平顶楼房的阳台，这一类空间的面积更大、更适合晾晒大量的茶叶。因此在2013年之后，砖混结构的傣族民居建筑大都已经没有了掌子，人们将掌子转化为了类似于西双版纳传统傣族民居建筑中前廊一类的空间，承担着社交娱乐、吃饭喝茶等功能。在这种地方上，四周用墙体、窗户封闭成为一个室内空间，而不再是传统意义上的开阔掌子。用来晾晒茶叶的功能则被转移到了三层楼房的平顶阳台上或者自家修建的晒茶棚里。

从集体经济到大包干经济转变，再到茶叶经济的迅速崛起，在建筑空间上，很重要的呈现便是掌子功能的变迁，它反映了社会经济快速发展的历程。

（2）前廊。前廊是西双版纳傣族民居建筑中重要的部分，但在景迈山傣族民居建筑中并不是特别突出，近些年才逐渐凸显出其重要性。前廊空间的变化是傣族民居建筑内部空间变化中较为明显的部分。

在景迈山傣族村寨中，村民称二楼楼梯口未进堂屋门但也不属于掌子的一小块空间为前廊。村民们会利用这小块空间，堆积一些随时使用的杂物，也会搬个板凳坐在那里休憩或闲聊。2007年以前，前廊在傣族民居建筑中面积都还不大，而且与掌子有着明显的区别。2007年以后，有的人家盖了新的楼房，传统上低于主体建筑至少30厘米的掌子被纳入了主体建筑的内部，不再有高度的差距，也就是从那时开始，掌子和前廊融为一体成了一个整体的室内空间。这个变化在景迈大寨、芒埂寨、糯岗新寨等村寨有着明显的表现。前廊和掌子成为统一的空间后，这个空间承袭了传统掌子和前廊共有的功能，或晾晒衣物、晾晒茶叶、摆放种植的蔬菜、休闲社交等，或用于储存杂物。

2．生计空间

（1）茶空间。景迈山傣族民居建筑中茶空间主要是指晒茶棚，其和布朗族村寨的茶叶加工室不一样。在傣族聚居地区，每个村寨都有少则一两家，多则十几家的茶叶合作社，使得当地村民不需要自己在家里进行茶叶加工，甚至很多人家都不需要晾晒茶叶。此时，掌子在很大程度上承担了晒茶的功能，因此在晒茶棚还没有出现之前，在村民们的茶叶晾晒量还不大的时候，掌子就是一个小型晒茶棚。从2007年开始，因茶叶经济的迅速发展，同时得益于政府对当地种植业的大力扶持，茶叶种植在景迈山傣族村寨

（实际上不止傣族村寨）逐渐规模化、产业化，茶叶产量也逐渐增加。此时，掌子已不能满足村民的晾晒茶叶的需求，专门的晒茶棚由此出现。

2007～2015 年，随着茶叶经济的飞速发展，经济条件好的人家会建一栋单独的晒茶棚，或者在原楼房的顶楼加盖一层晒茶棚。晒茶棚一般是钢架结构，辅以透明瓦作围板和顶棚，和前述布朗族村寨中的晒茶棚形式大同小异，实用性很高，而且也比较耐用，更换周期较长。从 2015 年开始，据村民说，政府建房管理变得严格起来，建盖非传统傣族民居建筑受到约束，所以没有盖成晒茶棚的人家只能在屋顶晾晒茶叶。

（2）牲畜饲养空间。景迈山的傣族，在茶叶还未涨价成为主要经济来源之前，当地村民是以农耕与牲畜饲养为生。20 世纪七八十年代以后，猪牛等仍以散养为主，但傣族民居建筑中还是出现了专门的饲养牲畜的空间。这个空间一般被设置在茅草房或瓦房的一层，用竹篾或木板围起，猪与牛分开圈养。猪作为人类食物的主要来源，牛可作为农耕工具。随着经济发展和人们生计方式的多元化，人们不再单纯依靠农耕和饲养牲畜为生，尤其是现代农耕工具出现后，村民们越来越少饲养牲畜。2007 年茶叶生产成为家庭主要经济支柱之后，更是减少了牲畜的饲养，傣族民居建筑中一楼的牲畜饲养空间几乎没有了。

四、景迈山汉族民居建筑的历史变迁

（一）景迈山汉族民居建筑形制的变迁

景迈山汉族村寨老酒房寨，从村寨形成至今，大致经历了五代民居建筑的演变。

1．第一代民居建筑：茅草房（19 世纪 70 年代～20 世纪初）

茅草房是老酒房寨有迹可循的最早房屋样式。

建筑材料：茅草、竹子。

建筑形制：茅草房只有一层，层高为 1.8～2 米。墙体是用竹子制成的竹篱笆围合，较傣族、布朗族等使用的竹篾来说，没有那么精致。房屋造型简单，只有一个大的主体房屋，分隔为几个房间就有几个门，隔断使用的主要是竹子。客厅在建筑的正中间，用于待客和日常活动。客厅左边是厨房，厨房中有火塘，用于烧火做饭。火塘不像傣族和布朗族一样具有神圣意味。卧室数量则根据家中人口来确定。

主体建筑之外只有小型柴火棚。因猪、牛都是散养，所以也没有出现猪圈和牛圈，也还没有厕所。屋顶是茅草编织而成，屋顶两端有竹竿交叉而成的"×"形装饰。室内空间中，汉族使用床的历史要比其他民族更长，他们用木头制作了床后垫上席子放在卧室中使用。汉族最重要的室外空间是院落，老酒房寨中几乎每一家都有自己的院落，第一代民居建筑中的院落大多是屋前的小片空地。

2．第二代民居建筑：挂墙房（20 世纪初～20 世纪 70 年代）

建筑材料：茅草、泥土、稻草、木头和竹子。茅草依旧是用来制作屋顶。木头主要用麻栗树（当地说法），经济条件好的人家用它来制作柱子，而经济条件较差的人家会继续使用竹子做柱子，两者都是埋入土中为柱。墙壁是用泥土和稻草混在一起做成的墙体，即"挂墙"，当地人认为这种房屋要比现在的砖房保暖性好，目前还存在于老酒房寨中。

建筑形制：房屋为一层，有院落。房屋高度约为2.3米。与上一代民居建筑最大的区别除了墙体外，材料从竹子变成了木头，麻栗树的使用使得房屋的寿命得以延长，也更加稳固。

3．第三代民居建筑：土基房（20世纪80年代）

如今的老酒房寨仍然还有土基房（图6-20），但数量已经很少了，只有3~4间，而且几乎都是作为公用的生产用房。

图6-20   老酒房寨的土基房

建筑材料：木头、泥土、瓦片。瓦片包括石棉瓦、帮头瓦、小挂瓦，几乎都是从澜沧县等地购入。木头除了麻栗树外，还开始使用红毛树。

建筑形制：房屋只有一层，高度约为2.3米，空间布局和前两代民居建筑差不多。因为土基房和挂墙房都要用到大量泥土，所以基本上是在哪里盖房子就在哪里挖土，利用水牛将泥土混合稻草踩成型，用于制作墙体。在挖土的地方所形成的平整土地，便作为日后住屋的院落。这一代房屋中还没有设置猪圈，猪仍以散养为主。由于农作物种植产量的逐渐上升，这一时期，村里的公共空间——球场，多用于晒谷子、晒苞谷。

4．第四代民居建筑：一层砖房（20世纪90年代）

建筑材料：红砖、瓦片和木头。木头主要是红毛树，用于制作柱子，但因为汉族民居建筑中一直都没有使用过石墩脚，所以柱子三四年就要换一次；红毛树还会用作屋顶的支架。

建筑形制：房屋仍是一层的，内部空间更大了，房屋高度提高到了3米左右。除了卧室和客厅没有大的变化外，厨房在这个时期被逐渐移出主体建筑之外，成为一小栋单独的一层建筑，火塘也随之发生改变，有些人家的火塘转变成了汉族人更常见的灶台。院落的面积没有大的改变，但是因为生产技术的进步而变得更加平整。有些人家学习傣族、布朗族等，在院落中建了小面积的掌子，但高度很矮，离地约为30厘米，平时用来晒谷物。这一代民居建筑中，猪还是以散养为主，所以猪圈仍然没有出现在房屋建筑中。

5．第五代民居建筑：现代砖混结构楼房（21世纪初至今）

砖混结构楼房（图6-21）是从2007年开始陆续出现在老酒房寨的，它是指2~3层的平顶房，是现代农村最常见的住房类型之一，也是现在的老酒房寨数量最多的房屋类型。从2014年开始，出现了茶室和晒茶棚。

图6-21　老酒房寨的砖混结构楼房

建筑材料：钢筋水泥、钢架、彩钢瓦、透明瓦等。这些材料比以往的材料更加牢固，造价也更高。由于从2019年开始不允许使用彩钢瓦，因此当地人在建筑上的彩钢瓦上挂迷彩布进行遮挡。

建筑形制：这代房屋最低有两层，最高有三层；少则一栋，多则三栋。一层层高为3~4米，大多数人家用作客厅与厨房，少数人家会用作茶室以招待客人和做茶叶生意。二层层高约为3米，有卧室、小客厅、晒台等；有些人家将二层作为晒茶棚，只在一层日常起居。厨房、卫生间、烤酒房等都是独立修建。

（二）景迈山汉族民居建筑功能空间的变迁

1．生活空间

生活空间主要包括客厅、卧室、厨房，这也是老酒房寨第一代民居建筑中就已经存在的功能空间。从第一代民居建筑到第四代民居建筑之间，它们一直存在于同一栋建筑中，承担着人们的生活起居功能。

客厅在房屋的中间位置，它相对于卧室和厨房而言是一个公共空间，汉族人会用它来招待亲朋好友和远道来的客人，并作为日常休闲娱乐的场所。厨房位于客厅的左边，是人们日常用餐的空间。汉族的火塘一直都位于厨房内，但火塘对于汉族人来说并不具有神圣的意味。卧室是汉族人重要的私密空间，也是日常起居的空间。

从各空间功能发生的变迁来看，第一代民居建筑至第四代民居建筑，各空间的功能和位置基本保持不变（图6-22）。第五代民居建筑中一部分人家的客厅被移到了二层中间（图6-23），留给家人和亲戚使用，而茶室承担了客厅原本接待客人的功能。另一部分人家的客厅仍在一层中心，但其功能也发生了前述的变化。卧室的变迁只表现在位置上，从一层客厅的右边移到了二层，其功能没有发生变化。厨房的变迁则体现在部分人家会把厨房单独移出主体建筑作为一个单独的空间。火塘也演变成做饭的灶台。

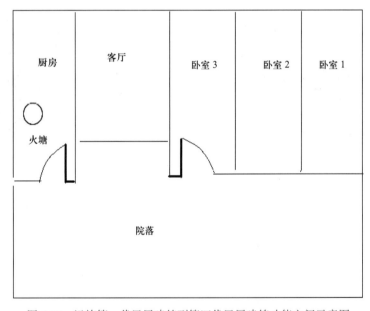

图6-22　汉族第一代民居建筑到第四代民居建筑功能空间示意图

2．生计空间

（1）茶空间。老酒房寨虽以酿酒为名，但目前已发展为一个以茶叶种植、生产加工和销售为支柱型产业的村庄，"茶"空间的出现与使用不仅影响民居建筑的结构，也是当地经济发展的缩影。就茶叶经济发展的速度而言，老酒房寨不及景迈大寨、芒埂寨等地，所以老酒房寨的茶室出现较晚，大概2014年之后各家各户才普及，而茶叶加工室至今仍未普及。

（2）酒空间。老酒房寨以酿酒得名，在茶叶还没有成为支柱型产业之前，酿酒一直

图 6-23　老酒房寨的第五代住房二楼客厅

是村民重要的生计活动之一。当地村民种植了水稻、玉米，因而才有足够的作物来制作烤酒。

老酒房寨家家都有烤酒室，它的建造方式也随着民居建筑的代际变迁而变化。第一代烤酒室是露天烤酒房，第二代烤酒室是挂墙房，第三代烤酒室是土基房，第四代烤酒室是砖房。从建筑位置来看，烤酒室一般都位于主体建筑的周围，而且大多靠近路边（图 6-24）。现在的老酒寨，烤酒室已经不再是重要的生计空间，但它仍在老酒房寨汉族居民生活空间中占据着重要的地位。

图 6-24　老酒房寨室外的烤酒炉

（3）牲畜饲养空间。老酒房寨汉族民居建筑中的牲畜空间主要用于猪、牛的饲养。牛的饲养是由于犁地的需要，牛的喂养空间主要位于村寨边上。据村民介绍，除了第一、二代民居建筑时期散养牛之外，其余时期都是在村寨边牛圈处统一养殖。第五代民居建筑出现之后，农田减少了，犁地的需求降低甚至消失，几乎没有村民养牛了，所以第五代民居建筑中牛的喂养空间也不再存在了。饲养猪，一方面是村民自己食用，另一方面是贩卖。村民们表示从第一代到第四代民居建筑时期，猪基本都是散养，即使有猪圈，猪圈也不在住屋旁边，而是在靠近菜地的一侧，以使猪的粪便循环利用。自第五代民居建筑也就是从 2010 年以后，养猪户的数量逐渐下降，猪圈也不再存在，已有的猪圈也大量空置起来。

五、景迈山佤族民居建筑的历史变迁

（一）景迈山佤族民居建筑形制的变迁

1. 第一代民居建筑：茅草窝铺（20世纪初～20世纪70年代）

茅草窝铺是用茅草作屋顶的房子，样式很像一个老母鸡在窝里蹲着的姿势，俗称"鸡罩笼"（图6-25）。

图 6-25　佤族鸡罩笼式建筑

建筑材料：茅草、竹子和木头是常用的材料。竹子有不同种类，只有很硬的竹子才能作为建材。作柱子的木头是栗树，这种建材直到今天仍在使用。

建筑形制：大多数人家的茅草窝铺仅有一层，高度为3～4米，空间小于50平方米。室内中心有火塘，火塘两边是佤族人的两根神柱：男柱和女柱，男柱旁的一个小隔间，是一个神圣空间，用于祭祖。佤族的民居建筑从第一代开始就注重对卧室的分隔，这一代民居建筑是用竹篾来进行围挡的，老人房和年轻人房也是分开的。根据村民介绍，20世纪70年代以前，南座寨的猪牛都是放养的，所以猪圈、牛圈等牲畜饲养空间都还没有出现；厕所也没有出现。屋顶是传统佤族屋顶的形式，为圆形。掌子已经出现，但是很矮，和住屋主体建筑契合，用竹板制成。屋顶没有牛角装饰，因为是木头作屋顶支架，所以有一个"×"形造型，当地人称之为现在屋顶牛角装饰的原型。

2. 第二代民居建筑：茅草顶楼房（20世纪80年代～20世纪90年代）

从20世纪80年代开始，由于受到傣族的影响，佤族的民居建筑与傣族的式样越来越相似。二层茅草顶住屋，也即干栏式建筑开始出现，90年代得到普及。

建筑材料：茅草、木料、竹子更为精进。柱子仍用栗树制成，入土40～50厘米为立柱；围板即墙体采用竹篾和木板。

建筑形制：房屋主体从一层变成了二层，整体高度更高、空间更大。一层层高仅约

1米，一般用于堆放柴火、农具和拴水牛，这个时期的猪仍是散养，所以一楼没有猪圈出现。二层层高中的横梁处约高1.8米，使用竹篾来区隔不同的卧室，老人一般住在靠近火塘的房间，这样更加暖和。掌子高度也随着主体房屋改变而增高，用木板制成，比前一代更加牢固耐用。屋顶与第一代民居建筑一样。

3．第三代民居建筑：木质瓦房（21世纪初至今）

根据南座寨的搬迁史，第三代民居建筑的出现即契合了村寨从水井上方搬到了水井下方的时间，因村寨的易址，村民重新修建了他们的房屋。村寨中绝大多数房屋都是这个阶段修建的（即使近年来有翻修的房屋，因都是按那时模式修建的，所以归入同一代中）。

建筑材料：茅草、竹子和木头是常用的材料。

建筑形制：一层层高增高约为2米，用于堆放柴火、摆放农具、停放车辆及作为厕所。起初一层会设置猪圈，但从茶叶经济上升开始，大多数村民就不再养猪了，所以一层猪圈也就空置下来。有的人家厕所在室外单独修建，但大多数人家都将厕所建在住屋的一层，冲水厕所已经普及。二层层高增高到3米左右，出现了单独的房间，而且几乎所有的功能区都被区分开；区隔形式有的用木板，有的用衣柜，但后者较少（是随着2004年外地人到南座寨卖衣柜后出现的）。此时出现了专门的茶室，但不对外经营，只作待客使用。掌子开始用钢架来作支架，其更加牢固稳定。但是也有住屋已经没有掌子了，据这种类型住屋的主人介绍，其主要原因是由于房屋面积有限，已经无法再建一个掌子了。这一代民居建筑开始出现了较大的晒茶棚，大都矗立在田间，呈半圆形，用塑料布作顶。屋顶上屋脊两端的牛角装饰开始变得精致美观。

图6-26为南座寨佤族王玉兰家住屋功能示意图。图6-27为南座寨新建房。

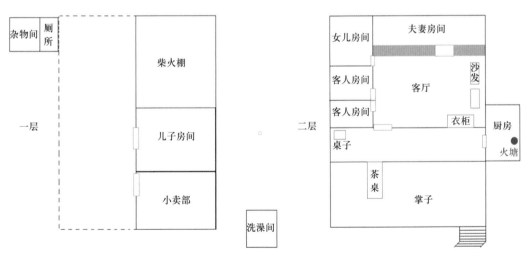

图6-26　南座寨佤族王玉兰家住屋功能示意图

（二）景迈山佤族民居建筑文化符号的变迁

1．屋顶水牛角造型符号

南座寨佤族民居建筑的屋顶两端是水牛角脊饰。佤族是一个崇尚水牛的民族，他们

（a）设计精美的双向楼梯

（b）重檐顶房屋

（c）老寨的重檐顶式传统建筑

（d）干净的一楼架空层

（e）一层比较干净、空旷

（f）在建的钢架结构房屋

图 6-27　南座寨新建房

认为牛头是财力的代表，只有使用牛头才能祭天、祭地、祭鬼神。

南座寨第二代民居建筑的大多数屋顶上的水牛角造型比较丰富，基本都是用水泥做的，有的类似于傣族民居建筑上的牛角脊饰，有的是完整的牛头造型。据南座寨村委会主任说，这些牛角装饰都是 2010 年之后才多起来的，在这之前都是"×"形装饰。第一代民居建筑屋顶的"×"形装饰是竹子支架交叉而成的，第二代民居建筑屋顶上的"×"形装饰是用木头制成的，近些年才改为用水泥制作。

2．室内装饰符号

佤族不仅是能歌善舞的少数民族，他们也具有独具特色的手工技艺，几乎每个佤族妇女都会使用织布机，织出的布匹色彩丰富，富有民族特色，这些布匹又被巧手的妇女们制作成一个个美丽且有佤族特点的布包、衣物、桌布等。在走访村寨的过程中我们发现，很多人家都会使用自家编织的桌布，或将制作的布包挂在墙上，作为装饰。在以前，将布包挂在墙上只是一种生活习惯，而如今，他们认为这样不仅美观，还可以展现其民族文化与特色，吸引游客购买。

六、景迈山哈尼族民居建筑的历史变迁

（一）景迈山哈尼族民居建筑形制的变迁

1．第一代民居建筑：茅草窝棚（20 世纪初～20 世纪 80 年代）

建筑材料：茅草、竹子、木料。其中茅草用作屋顶，竹子做的竹篾和竹篱笆被用于制成墙板和室内的隔挡；木料主要选用栗树和其他的杂木树，栗树主要制作柱子，埋入土中为立柱。

　　建筑形制：整个住屋面积不超过 50 平方米，从地面到横梁处高约为 1.8 米。室内没有客厅，但有两个火塘，男火塘和女火塘，分别位于房间两侧；中间有竹篾作围墙，这个围墙同时也是男女卧室的分隔墙，男卧室在东边，女卧室在西边（图 6-28）。根据村民介绍，在哈尼族的传统习俗中，男孩满 18 岁以后会被单独分给一间房间，离原来的住屋不远；而女孩即使年满 18 岁，也不会有单独的房间。住屋外部空间有掌子，与门相对，但不是完全相对。掌子的地面用竹片直接铺成，一般用于晾晒谷子。哈尼族第一代民居建筑的屋脊两侧是 "×" 形装饰，用竹子制成。猪等牲畜都是放养状态，有简易的用竹子和茅草搭成的猪圈。

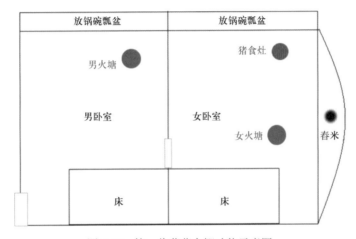

图 6-28　第一代茅草窝棚功能示意图

图 6-29 为笼蚌寨茅草顶的亭子。

图 6-29　笼蚌寨茅草顶的亭子

2．第二代民居建筑：一层木质瓦房（20 世纪 90 年代）

第二代民居建筑为木质瓦房，在笼蚌寨得到普遍推广，当今村寨中仍有两三家为这样的民居建筑。

建筑材料：木料和瓦片是第二代民居建筑的主要建材，瓦片即小挂瓦，购于村中的瓦厂；木料多选用栗树，也会选用红毛树和松树。

建筑形制：第二代民居建筑整体呈长方形，长约为 15 米、宽约为 7.5 米，室内空间变得更大，整体房屋面积增至 100 平方米左右，层高增高到 2.3 米（横梁处）。从室内空间来看，出现了分隔，并出现了客厅这种具有待客功能的开放空间，而不再是单纯的男女分隔间，开始根据家庭关系的不同来区分居住的区域，如老人住一间，夫妻住一间。"房屋不再分男人房和女人房，也不再分男人门和女人门。而是更加注重夫妻的整体性和私密性，空间区隔也相对更加复杂。"（饶明勇 等，2016）厨房被单独分出，像汉族民居建筑一样成为一栋单独的小房子，火塘被移到了厨房中，由二变一。室外空间中仍有掌子，地面不再用竹片而是用木板铺成，作用还是晾晒谷子和衣物。屋顶的"×"形装饰也由竹板换成木板，但形状仍然相同。对于养猪，虽然有了专门的木质猪圈，但大多人家的猪还是散养。

3．第三代民居建筑：二层木质瓦房（20 世纪 90 年代～21 世纪初）

1992 年开始，在笼蚌寨开始出现第三代民居建筑，但并不普及，一般是经济条件稍好的人家才能拥有，它与第二代民居建筑同时存在，直到 2006 年以后才被砖房替代。

建筑材料：第三代民居建筑和第二代民居建筑是一样的。

建筑形制：第三代民居建筑的木质瓦房是两层的，整体空间更大了些，一层层高约为 1.7 米，是一个开放的空间，平时用于储藏柴火、农具等杂物；二层的布置与第二代民居建筑一模一样。掌子和屋顶都没有发生变化。

4．第四代民居建筑：瓦顶砖房（2006～2014 年）

从 2006 年开始，笼蚌寨的村民开始修建砖房，替代原有的木质房屋。

建筑材料：红砖、水泥、钢筋、瓦片等，大多是从澜沧县县城、西双版纳等地购回的，瓦片仍从村里的瓦片场购买。

建筑形制：最初的砖房是一层的，从 2010 年开始才有两层砖房出现（在这里列为同一代哈尼族民居建筑），有瓦顶，也有平顶。一层的砖房层高约为 2.3 米，二层的砖房一层高度约为 1.7 米、二层层高为 1～2.3 米。第四代民居建筑的砖房的室内空间在第三代民居建筑的基础上有所发展，完全按照功能来分隔，类似于现代砖房建筑。屋顶仍保留了"×"形装饰，但用水泥代替了原来的瓦片，工艺更加精美。在第四代民居建筑中，村民们开始用水泥浇注建成新的猪圈，其一般建在房前屋后。

5．第五代民居建筑：哈尼族傣顶木质楼房（2014 年至今）

建筑材料：从 2014 年开始，在景迈山申报世界文化景观遗产的背景下，当地政府不再允许自建砖房，要求笼蚌寨按照统一样式修建傣顶的木质楼房，并要求对原有的平顶砖房进行"穿衣戴帽"改造，加盖傣顶，由政府统一提供改建材料。所以就建筑原料来说，木料和瓦片几乎都是政府提供的，水泥等其他建材则是村民自行购买，但整体建筑风格是政府规定的统一样式。

建筑形制：从房屋形制来看，房屋共有两层，一层约为 2 米，呈开放空间，不加围栏，用来放柴火等杂物，也有人家会在一层建一个茶室，招待客人；二层约为 3 米，功能分隔与第四代民居建筑一样，为不同的人分出不同的居住空间。从这一代民居建筑开始，在政府的帮助下，笼蚌寨统一修建了猪圈，村中的猪都迁到那里，实现了统一养殖、人畜分离。

（二）景迈山哈尼族民居建筑文化符号的变迁

1．植物装饰符号

（1）野豆。哈尼族有些人家会用野豆挂在房梁上作装饰，具有天然的情趣。当地人说，在他们小时候这种野豆可以做成小孩的玩具，对他们来说其实是充满了童年的回忆。近些年，野豆演化为一种纯粹的装饰物，当地人认为把野豆挂起来是一种美化生活的方式。

（2）葫芦。葫芦也是哈尼族民居建筑中重要的装饰品之一，大多将其绑挂在面对街道或者外部空间的一面，笼蚌寨里的小卖部门口就挂了很多葫芦。当地村民表示，葫芦在几十年前是可以用来吃的食物，近 20 年人们生活变好了才将其移出餐桌的；但是采摘葫芦的习惯却一直保存下来，而且因为澜沧是拉祜族自治县，民族间交流越来越多，哈尼族受拉祜族影响，即使不像拉祜族那样认为葫芦具有神圣性，也将其作为装饰以吸引游客和美化房屋。

2．屋顶装饰符号

景迈山哈尼族民居建筑屋顶的"×"形造型（图 6-30），从第一代民居建筑就存在，那时是用竹子制成的，起着固定屋顶的作用；第二代民居建筑和第三代民居建筑中"×"形装饰是用木板制成的，第四代民居建筑出现了用水泥制作的"×"形装饰，

图 6-30 哈尼族民居建筑屋顶的"×"形装饰

（Riane D 摄，2021）

但木板制作的"×"形装饰仍还存在。到了第五代民居建筑，屋顶依然保留了"×"形装饰。

（三）景迈山哈尼族民居建筑功能空间的变迁

1. 生活空间

（1）卧室。景迈山哈尼族人的民居建筑从第二代开始就存在以夫妻关系为中心分配的隔间了，所以卧室功能的变迁主要在于第一代民居建筑到第二代民居建筑的变化中。第一代民居建筑中，哈尼族人还没有卧室的概念，整个房屋内部只有两个大的空间，一间是家里男人住的，一间是女人住的，两个空间都有通铺、火塘等，之间用竹篾进行隔挡。从第二代民居建筑开始，哈尼族人在其他民族的影响下，观念开始变化，民居建筑也发生了很大的改变，其关键在于卧室从以性别为依据分成两间，变成了以家庭成员关系为依据，分为两间以上的隔间。一般，年轻夫妻一间、老年夫妻一间、孩童一间。从第二代民居建筑开始到第四代民居建筑一直都是这样的设置。

如图6-31所示，各个房间根据不同的功能被隔开，以夫妻关系为依据将不同人分住不同的卧室，其中老年人的房间被安置在东方；出现了单独的客厅，也出现了厨房，火塘被移入厨房中，由二变一。掌子是直接修建在地上的，哈尼族认为掌子不能正对着住屋的大门。

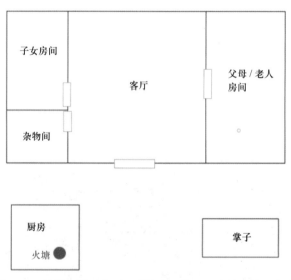

图6-31　笼蚌寨第二代民居建筑至四代民居建筑功能示意图

（2）火塘。火塘在哈尼族人生活中占据着重要的地位。火塘的变迁体现于数量与位置的变化。第一代哈尼族民居建筑中有两个火塘，分别在男女房间内各一个，这是由于室内分男女两个空间。这个时期火塘的功能多样，而且有较为严格的规定，如男火塘要用来做菜，女火塘用来做饭等。从第二代民居建筑开始，由于建筑形制的变化，厨房的出现，火塘就被移到了厨房内部，由二变一，承担起烧饭煮菜的功能，远离人们的起居，此后一直如此。

2．生计空间

（1）茶空间。笼蚌寨现在主要以茶叶生产为主要经济支柱，茶叶对村民生活的改变体现在建筑空间上为晒茶棚和茶室的出现。从2007年开始，茶叶价格不断上涨，当地以种茶为生的家庭越来越多，开始产生了晾晒茶叶的需求，因此出现了晒茶棚。笼蚌寨的晒茶棚大都是搭建在掌子上（第三代民居建筑）或者原房屋的屋顶上（第四代民居建筑）的，是用木材与钢架作框架，搭成半圆形，并用塑料布作为顶棚。最近几年茶叶价格趋于平稳，茶叶多以合作社方式经营，所以许多村民放弃在自家晾晒茶叶自售的方式，而是将鲜叶茶卖给合作社，许多晒茶棚便失去了晒茶的功能，被村民用来晒衣服或晒粮食。

茶室也是和晒茶棚在同一个时期出现的，其一般有三种方式：第一种，在掌子上摆上茶桌、凳子作为茶室，自家喝茶或招待客人；第二种，利用空闲房间作为茶室，这种茶室的装修较前一种更为正式，墙上会挂上字画、绿植等作为装饰；第三种，如果家中有闲余空地，便在此新建一小间房屋作茶室，位置通常在主体房屋之外。

（2）牲畜（饲养）空间。景迈山的哈尼族人以养猪为主，牲畜饲养空间的变迁体现在猪圈的变迁上。从第一代民居建筑开始，哈尼族人就已经开始养猪了，但因为还住在一层的茅草窝棚中，没有条件修建专门的猪圈，只能用竹子和茅草搭成简易的猪圈，猪一般以散养为主。第二代民居建筑，因为建房材料的变化，开始出现木质猪圈，但大多数人家的猪仍然以散养为主。第三代民居建筑延续了第二代民居建筑的特点。到了第四代民居建筑，开始用水泥浇注做成猪圈，其设置一般在房前屋后，这时候，猪的圈养才开始普及。从第五代民居建筑开始，受当地政府号召，村里统一修建了猪圈，村中养猪的人家都会将自家的猪迁到统一的猪圈集中饲养，实现了人、畜分居。

景迈山是一个多民族聚居的地区，傣族、布朗族、哈尼族、汉族和佤族在这里世代生活，他们的文化相互影响、相互交融，形成多彩的景迈山风土人情。民居建筑的特点是各民族文化、生计方式、宗教信仰等相互影响、相互融合的产物。

由于各个民族迁徙景迈山时间的不同，民居建筑的发展历史也不尽相同，大致都经历了五至六代建筑形制的变迁，呈现出各民族建筑形制逐渐趋同的状貌，即便是基本相同的建筑形式，各民族依然会保持本民族的核心文化符号。

第七章
景迈山传统建筑的
保护与发展

传统建筑蕴含着悠久的历史，向人们传递着不同时代的政治、经济及文化等方面的信息，同时还包含着建筑独特的审美价值。若是传统建筑受到损坏，甚至消失，其秉承的历史信息也会消亡。

近年来，随着文化遗产保护内涵的逐渐深化，传统建筑作为一种文化遗产的认知也逐渐深入人心。不论是为了申报世界文化景观遗产，还是在景迈山可持续发展背景下对传统建筑进行的保护，准确把握其发展趋势，通过开展建筑景观文化遗产资源的普查，将充满记忆的传统文化景观遗产及时纳入保护范畴，是关系到景迈山未来发展的重大课题。

本部分我们将从乡规民约、宗教、政策法规和当今申报世界文化景观遗产背景下探讨传统建筑保护的路径。

一、乡规民约、宗教、政策法规背景下传统建筑的保护

（一）乡规民约背景下传统建筑的保护

乡规民约，是与国家规范相对而言的，具体是指社会治理过程中自身或基于民间的协商而产生，依赖社会的自觉自愿遵守或民间的强制力来运作的社会规范。具体而言，乡规民约是村落居民根据本身的实际，制定的关于对生产、生活、行为、道德约束的规章制度，是村民的道德、伦理准则，体现了一种来自日常生活的价值观念，凝聚了乡村智慧。

中国社会特别是农村社会所具有的"乡土性"，决定了乡约精神依然有其存在的理由。在当今建设法治国家的进程中，法治及其所衍生的社会新秩序虽然对乡规民约生成的社会土壤带来了极大的冲击，但在法治观念还没有完全内化为乡民日常生活中的一种自觉行为时，旧有的乡规民约依然是规范乡村社会秩序的重要途径之一。

乡规民约不仅具有"广教化而厚风俗"、稳定乡村基层社会秩序的功能，还包含"慎始慎终、用为惩戒"的愿望。乡规民约是民俗社会中约定俗成的产物，其适应村民自治的要求，是由共居同一村落的村民在生产、生活中根据风俗和现实共同约定、共信共行的自我约束规范，它以村民自治制度化、规范化的形式而存在。

在保护景迈山传统建筑的过程中，乡规民约起到了很重要的作用。传统乡规民约往往以祖先遗训、"老人言"这样的方式流传下来，形成一句句金句警言，口口相传于历代村民之中。

景迈山各民族先民拥有非同一般的前瞻性忧患意识，在传统的乡规民约中，并没有直接对传统建筑保护的规定，而主要是针对保护茶树、古茶林进行的一系列约定，他们对生计来源、生存环境的保护意识经世代相传，已深入人心，成为每个景迈山人耳濡目染的金玉良言，也为传统建筑的保护奠定了深厚的基础。

布朗族首领（茶祖）帕哎冷曾在临终前留下遗训，告诉后人要像"爱护眼睛一样爱护茶树"。在其他民族将茶作为一种饮品的时候，布朗族和傣族制定了一系列乡规民约，他们将古茶林作为自身生命的一部分来爱护、继承和发展。他们为合理利用古

茶资源，加强古茶林的保护和管理做出了不懈的努力。例如，古茶林在早期开辟过程中，虽没有具体开辟面积的限制，但是仍然在外围划定了隔离带。当地村民不能随意砍伐古茶林中的高大树木，违反者需首先在寨心向茶祖请罪，然后负责修建一段村寨的道路，完工后还要在路旁立牌写明自己所犯的错误，以警示后人。这种乡规民约一直持续到1949年。

1949年以后，村民们在传承茶文化、利用古茶资源方面制定了更详细的管理规定。例如，茶农个人无权砍伐古茶林内任何一棵林木，包括已枯烂的林木和树根，尽力保持古茶林的原始性、生态性；严禁在古茶林内使用化肥农药，或种植其他农作物；不能在古茶林内有乱扔垃圾和污染物、猎捕野生动物、毁灭性采摘等行为，违者会被取消古茶林管理权和采摘权。

近年来，芒景村村民为保护本村古茶的品质及声誉，自发制定了《芒景村保护利用古茶林公约》，严禁古树茶、现代茶混拌出售，或将台地茶冒充古树茶出售等不良行为，违者处以罚金。境外鲜叶茶也不得流入芒景，以保证本地茶的纯正。布朗族村民可以到外村外乡去收购干茶，但不得运入芒景境内，更不得当成本地茶出售，违者，对运入的干茶除全部没收外，还要处以运入干茶总价值的50%的罚金；对把外村外乡茶当成本地茶出售的人，一经发现，要处以所出售干茶总价值30%的罚金。

为更好地保护传统的种茶方式，古茶林内提倡单株种茶，严禁开挖种植沟，成排种植，违者必须将茶园恢复原貌，并且每米种植沟处以10～30元的罚金。景迈村村民委员会也制定了《景迈村茶叶市场管理公约》，有效地保证了景迈山茶叶市场的流通秩序和品牌质量。

2019年芒景村党总支、芒景村民委员会编写的《芒景村遗产保护学习手册》中有以下的村规民约。

第二条规定："当今时代芒景境内所保留下来的比较完整的生态系统是祖先给我们留下的宝贵财富，我们要像爱护自己的生命一样爱护它。凡自古以来定为神山神林、村寨周围的风景林、古茶林，山野上所有定为防火林、防风林、水源林，当今已划为国有林、集体林的林地区，各村民小组要重新明确界限，村民个人无权乱砍滥伐，无权开发占用。芒景境内一草、一木、一鸟都属于保护对象，无论内部村民，还是外部村民，严禁在芒景境内捕猎、采挖野生药材，违者罚款100～5000元。触犯法律的由森林公安追究法律责任。"

第三条规定："古茶林保护、生态茶园改造，严格按照《芒景村茶产业发展与保护公约》执行。违背生态茶改造原理，对生态茶树进行矮化，破坏其条形、口感、香味的，必须在全村范围内进行曝光，所有茶叶专业合作社或个体加工厂一律不得收购其鲜叶茶来加工，但不停电处罚。"

第四条规定："古村落、古民居是布朗族传统文化的重要组成部分，越是民族的，越是世界的，将来高档的人居住宅并非高楼大厦，而是具有民族建筑结构、建筑风格的传统民居，我们要树立文化自信的思想和坚定决心，无论我们的经济条件发生多大的变化，都不能去改变和破坏古村落、古民居的建筑结构、建筑风格、建筑风貌，违者以违反国家文物法论处，严禁在古村内、古民居旁乱搭乱建，需建盖的晒茶棚统一在政府规划的地方有组织、有计划、按标准建盖。除古村落、古民居外，尚需建盖第六代民居的，必须做到先申报后建盖的程序原则，坚持一楼一底，总面积约200平方米，材料时代化，内部结构人性化、实用化，屋顶和外观民族化的原则来建盖。提倡屋内摆设整洁干净，屋外周围美化、绿化、亮化、净化。"

传统的乡规民约是中华优秀传统文化的一部分，其礼法规范、道德准则等已经慢慢融入村民的日常生活中，人们日用而不知，这种深厚的道德根基保障了在现代社会发展的进程中，人们对传统文化切实的认同感。

（二）宗教背景下传统建筑的保护

南传佛教传入景迈山后，教规慢慢成为人们道德行为的规范，对傣族、布朗族社会的发展起到了一定的促进作用，对人们过上幸福、美好生活，对发展经济、提高人民生活水平，对弘扬勤劳致富的社会风气发挥了积极的作用。佛教中"戒杀放生""清规戒律""止恶修善""严持戒律"等教义都对人们的道德行为起到了规范作用，形成了另一类的"乡规民约"。村民们为了避免受到佛祖的惩罚，在言谈举止上形成了自我约束、自我教育的自觉行为，出现了讲文明、讲礼貌的社会风尚，多年以来各村寨中没有严重的违法乱纪的行为。在每年的泼水节、开门节、关门节时，人们会聚集在佛寺听经，村寨里德高望重的长者在念诵经文的过程中，还会总结村寨一年中的大情小事，告诫人们不要做违反祖先遗训、违反道德规范的事情，近年来还会特别鼓励村民对传统建筑加以保护。

（三）政府政策法规背景下传统建筑的保护

在古茶林的保护方面，当地政府早已出台有相关规定。2009年以来，澜沧县人民政府先后出台了《云南省澜沧拉祜族自治县古茶树保护条例》《云南省澜沧拉祜族自治县民族民间传统文化保护条例》等一系列地方性的政策法规。惠民镇景迈村和芒景村分别制定了《景迈村茶叶市场管理公约》《芒景村保护利用古茶林公约》，从村级层面提出了管理保护古茶林的具体措施。

2015年澜沧县人民政府通过了《云南省澜沧拉祜族自治县景迈山保护条例实施办法》，条例规定"自治县人民政府设立景迈山茶林保护管理局，具体负责景迈山保护区的保护管理工作"。

第九条规定："景迈山保护区范围内的重点保护对象是：①列入国家和省保护目录的野生动物、植物；②帕哎冷寺、翁基古寺、景迈大寨佛寺等其他文物古迹；③景迈大寨、糯岗、芒埂、勐本、老酒房、芒景上寨、芒景下寨、翁基、翁洼、芒洪寨10个传统村落；④'千年万亩古茶林'及其古茶树；⑤铁矿及其他矿产资源；⑥地表水和地下水资源。"

第十条规定："景迈山保护区分三级，三级保护区内禁止下列行为：①擅自探矿、采（选）矿；②擅自砍伐林木，盗伐林木，毁林开荒；③破坏水资源；④移动、破坏界桩和保护标、招牌；⑤擅自进入'千年万亩古茶林'；⑥擅自采摘古茶、捕捉昆虫；⑦刻划、涂写、移植、剔剥、攀折古树名木和破坏文物古迹，⑧在非指定地点丢弃、倾倒、堆放垃圾和有毒废弃物；⑨超标排放污水、废气；⑩擅自引进外来物种；⑪擅自设置、张贴广告；⑫野外违规用火；⑬在非指定地点燃放烟花爆竹；⑭在非指定地点摆摊设点、停放车辆。"

综上所述，我们可以看到景迈山各村寨从乡规民约、宗教教义及政府政策法规等各个层面对古茶林、生态环境、传统建筑进行了保护。人们在日常的活动中会发自内心、自觉地遵守这些规范、法规，因为它们已经成为每个人的行为方式，并形成稳定的模式代际相传。

二、申报世界文化景观遗产背景下传统建筑的保护

（一）景迈山古茶林申报世界文化景观遗产的历程

世界遗产是指被联合国教育、科学及文化组织（United Nations Educational, Scientific and Cultural Organization，UNESCO，简称"联合国教科文组织"）世界遗产委员会确认的人类罕见的、无法替代的财富，是全人类公认的具有突出意义和普遍价值的文物古迹及自然景观。广义上根据形态和性质，世界遗产分为物质遗产（文化遗产、自然遗产、文化和自然双重遗产）和非物质文化遗产。

文化景观遗产概念始于 1992 年在美国圣菲召开的联合国教科文组织世界遗产委员会第 16 届会议，与会专家认为，应将具有"突出普遍价值"的文化景观纳入《世界遗产名录》。"文化景观"被正式列入世界遗产类型。"文化景观（cultural landscape）是文化在空间上的反映，是一种落实于地球表层的文化地理创造物。"（单霁翔，2010）文化景观既是历史的产物，又是历史的载体，反映的是区域范围内政治经济、文化艺术、科学技术、宗教信仰、风俗民情等社会各方面的情况，是文化与环境共同作用后形成的综合性景观。

自 1992 年世界遗产的体系中增加了文化景观遗产以来，对文化景观的研究与文化遗产的保护连接起来。1993 年 12 月，第 17 届世界遗产委员会会议将新西兰的汤加里罗国家公园列入《世界遗产名录》，成为《世界遗产名录》中第一处文化景观遗产。至 2008 年，共有 55 个世界遗产以文化景观类型入选世界遗产名录。进入 21 世纪，对文化遗产的保护不再只是对物质文化遗产的静态保护，而是更多立足于对自然环境、历史变迁轨迹、人的精神信仰与内心世界的尊重。很显然，文化景观遗产保护在担负保护和发展人类的生存环境、传承和塑造人类精神家园的重要作用等方面，具有深远的意义。

普洱景迈山古茶林作为人文景观与古朴优美的自然环境，其森林植被和古树茶林相依共生，空间地域紧凑，涉及行政区范围小，遗产的真实性和完整性整体保护良好，是民族文化与生态文明和谐发展的典型区域，具备申报世界文化景观遗产保存形态真实性和价值构成完整性的要求，在云南、中国乃至全世界都具备世界文化景观遗产的突出普遍价值。

2003 年，中国科学院"澜沧景迈'千年万亩古茶林'保护与开发利用"项目研究认为，景迈山是目前世界上保存最完好、年代最久远、面积最大的人工栽培型古茶林，也是中国茶文化发展的历史见证。2010 年 6 月，景迈山古茶林申报世界文化景观遗产

工作正式启动（以下简称"申遗"）。2012年3月，普洱市向国家文物局提交了申遗文本的初稿。为了推动申遗工作，国家文物局专家深入景迈山进行了3次调研；省政府对景迈山做出了重要批示，并向国家文物局递交了2018年申遗文本。普洱景迈山古茶林文化景观遗产项目具有明显而特殊的竞争优势，目前排在我国申报世界文化遗产项目的第一梯队。

在申遗过程中，景迈山取得了一系列显著成果。2012年9月，普洱景迈山古茶林和茶文化系统被联合国粮食及农业组织（Food and Agriculture Organization of the United Nations，FAO，简称"联合国粮农组织"）公布为全球重要农业文化遗产（Globally Important Agricultural Heritage Systems，简称"GIAHS"）保护试点；同年11月，普洱景迈山古茶林成功入选第三批《中国世界文化遗产预备名单》，申报类型为文化景观，申报名称为"普洱景迈山古茶林"，其中物质遗产构成要素主要包括景迈山古茶林和传统村落；2013年5月，在第五届世界茶业大会上，普洱市被国际茶叶委员会授予"世界茶源"的称号，其标志着普洱作为世界茶源的地位得到了全球的公认；同年5月，普洱景迈山古茶林被国务院公布为第七批全国重点文物保护单位，文物保护单位名称为"景迈山古茶林"。2020年2月，普洱市政府工作报告中提出，景迈山古茶林文化景观已被国务院批准为中国2022年正式申报世界文化遗产的项目，申遗相关文本已经送交联合国教科文组织。

可以说，2010年起至今，从中央到云南省、普洱市政府，都非常重视景迈山古茶林申遗的推进工作。景迈山的传统建筑是文化景观遗产中的重要组成部分，所以应对其制定科学、合理、可持续的保护规划。

（二）世界遗产评估标准与保护原则

按照《实施世界遗产公约操作指南》（简称《操作指南》），成为世界遗产的关键条件是要具备突出的普遍价值（outstanding universal value），同时具有足够的真实性（authenticity）、完整性（integrity）及保护管理条件。

"世界遗产的突出普遍价值是指具有超越国界的独特性的文化和（或）自然意义，对人类现在及未来子孙后代都普遍重要。永久保护这些遗产对整个国际社会都是极为重要的"。（邬东璠 等，2012）

真实性和完整性是关于世界遗产的两个非常重要的标准。"真实性和完整性原则既是衡量世界遗产价值的标尺，也是保护世界遗产所需依据的关键。"（张成渝 等，2003）真实性和完整性不仅是评估世界遗产的重要依据，也是实现世界遗产的价值世代传承、永续利用的主要途径。

1. 突出普遍价值

根据《操作指南》，世界遗产的突出普遍价值是指以下几个方面。

（1）代表人类精神的杰作。

（2）体现一段时期内或世界某一文化区域内重要的价值观交流，对建筑、技术、古迹艺术、城镇规划或景观设计的发展产生过重大影响。

（3）能为现存的或已消逝的文明或文化传统提供独特的或至少是特殊的见证。

（4）是传统人类聚居、土地使用或海洋开发的杰出范例，代表一种（或几种）文化或者人类与环境的相互作用，特别是由于不可扭转的变化的影响而脆弱易损。

（5）与具有突出的普遍意义的事件、文化传统、观点、信仰、艺术作品或文学作品有直接或实质的联系。

景迈山申报遗产区[①]包含了所有表现茶文化景观突出普遍价值的要素，包括保存完好、分布连续、规模宏大的五片古茶林，古茶林的主人——布朗族、傣族等世居民族的9个传统村落，以及作为古茶林隔离和水源涵养的三片分隔防护林。林、茶、村，这三大要素组成了完整的景迈山古茶林文化景观，不仅完整地反映了独特的林下茶种植的技术，以及相应的信仰和传统知识体系，同时也充分反映了申报遗产区人与自然和谐互动的关系，使申报遗产区具有生态系统和文化系统的完整性。

2. 真实性概念与原则

世界遗产真实性原则的提出，一开始主要是针对欧洲文物古迹的保护与修复，后逐渐演变为世界遗产申报和评估的直接依据。根据《操作指南》，真实性包括如下特征："遗产的外形与设计，材料与实体，用途和功能，传统、技术和管理体制，位置与背景环境，语言和其他形式的非物质遗产，精神与感受以及其他内外因素"（联合国教育、科学及文化组织，2005）。对真实性的理解与处理，应是整个世界遗产质量管理的关键。然而，对于真实性的界定，至今尚未有定论。随着国际世界遗产"真实性"概念的发展过程，"真实性"内涵在不断演进、发展。"从最初'物质意义'延伸到'非物质意义'，从'最初真实'延伸到'过程真实'，从'自身真实'延伸到'环境完整'。"（史靖源 等，2017）徐嵩龄在对黄山世界遗产的管理中提出了处理"真实性"的三原则，即"历史上的真实""演进中的真实"和"妥协下的真实"（徐嵩龄，2003）。

景迈山文化景观的构成要素是真实的。第一，文化景观的整体格局是真实的，无论是申报遗产区圈层的平面格局，还是山地土地利用、林下种植的立体格局，以及村寨整体格局和建设方式，都得到了真实的保留。第二，无论是古茶林，还是传统村落，都保留着历史的风貌。古茶林保存完好，村寨中人口仍然以世居民族为主，传统民居建筑占民居建筑总数的40%以上。第三，景迈山古茶林文化遗产系统保持着传统的生活习俗和文化传统，主要劳动力仍在从事茶林的维护，茶叶生产依旧是他们主要的经济收入来源。古茶的传统种植加工技术没有任何的损失，其土地利用方式依然保持了原有的方式，古茶的保护管理体制也得到了继承与发扬。因此，从材料、设计、技术、功能等方面申报遗产区都保持着高度的真实性。

3. 完整性概念与原则

世界遗产完整性概念包括两方面：一是范围上的完整（有形的），具体指以涵盖与自然遗产密切相关的周边空间范围内自然遗产的完整性；二是文化概念上的完整（无形的），具体指"景观特征是否在当前仍然反映了重要性形成那个历史时期的空间组织、物质构成要素以及历史人物与事件关联性等方面的状况"（奚雪松 等，2014）。完整性的问题，既包括遗产范围上的有形完整，也包括文化概念上的无形完整。

[①] 申报遗产区包括：遗产核心区和申遗缓冲区。

首先，世界遗产范围上的有形完整。构成申报遗产区价值的地域范围是完整的，构成申报遗产区价值的景观要素也是完整的。在申报遗产区边界范围内，该景观包含了所有表现茶文化景观演进过程中的突出普遍价值的必要要素，具有完整的生态系统和文化系统。

其次，文化概念上的无形完整。申报遗产区范围内当地延续千年传承至今的宗教、文化和乡规民约，以及社会管理机制是完整的，由这些信仰和知识体系形成的对自然、对自然与人的关系，以及人与人的关系的理解的一系列价值体系是完整的。同时，古茶林种植维护的技术、土地利用技术、村寨建设技术等维持景迈山古茶林文化景观的一整套知识体系也是完整的。

综上所述，作为世界文化遗产预备项目，普洱景迈山古茶林需符合世界文化遗产真实性、完整性和突出普遍价值标准，申报遗产区保护管理水平达到了世界文化遗产申报条件。同时，世界文化遗产的保护也需要遵循真实性和完整性的原则，真实性是完整性的基础，完整性是真实性的强化。

（三）传统建筑的保护

通过前文对景迈山各村落建筑历史的梳理可知，最早的古代建筑历史可追溯至1000多年前，近代已知的建筑历史至今也有上百年，景迈山传统建筑共经历五代的变迁。到目前为止，民居建筑的主流样式仍为干栏式建筑。由于干栏式建筑主要材料是木、竹、茅草等，最长保存时间为30～50年。因此，对传统建筑的保护与保存提出了很高的要求。发展与保护本就是一对相辅相成却又存在悖论的概念，因为只有在经济发展带来整个社会迅速变迁的前提下，传统建筑才会面临加速消失、更新换代的危机。传统社会虽然也存在居住环境的自然更替，但这个过程毕竟是缓慢且从容的。

21世纪现代化、全球化浪潮席卷了地球上的每一个角落，越来越多的外来因素影响着这个位于深山中的多民族聚落，不论是出于主动还是被动，变迁都无可避免。在这样的背景下发展与保护是一个值得所有人深思的问题，人们做出的每一个决定都将会是影响千秋万代的大事。在政府全面介入、村民有自觉保护意识以前，对传统建筑的保护可以说大部分出于民间的自发，这当中便出现因村民观点不一、保护意识不强，造成对传统建筑的部分损毁。保护意识的自觉阶段始于景迈山申遗工作的不断深入、政府的全面介入，在政府颁布了一系列规章制度之后，传统建筑的保护与发展进入了一个有章可循、有法可依的新阶段。

景迈山传统建筑的保护与发展，受到以下几个因素的综合影响。第一，经济的飞速发展促使建筑更新换代的速度加快。纵观景迈山近代以来的每一次建筑变迁，无一不是在经济飞速发展的刺激下发生的。第二，全球化、现代化几乎席卷了地球的每个角落，景迈山也不例外。村民对现代化生活的向往与继续保持传统建筑的要求形成了一定的矛盾。第三，汉族文化的影响，近十几年来随着与外界交流的增多，景迈山少数民族与汉族之间交往频繁，各少数民族在文化上受到汉族的影响很大，生活习俗、建筑文化也不可避免地部分被汉化。第四，随着景迈山古茶林申遗工作的推进，村民对文化遗产的内涵及价值的理解逐渐深入，使得对传统建筑的保护工作从自发转变为自觉，但如何让村民形成自觉的保护意识？具体保护措施是什么？对于这些问题，目前还处于探索阶段，需要各方人士深入探讨、献计献策。

基于以上原因，进入 21 世纪以来，景迈山传统建筑保护与发展大致经历了以下几个阶段。

第一阶段：2007～2010 年

当今，在景迈山人们提到最多的年份便是 2007 年，这是一个特殊的年份。2007 年普洱茶的茶价第一次暴涨，从 200 元 / 千克的茶价涨到 600～700 元 / 千克。

很多村民一夜暴富，有了钱，想到的第一件事情就是盖房子。这个阶段，政府对村民建房管理较松，从 2007 年开始，砖混结构楼房陆续出现。砖混结构楼房是指 2～3 层高的平顶房，是现代农村最常见的住房类型之一，也是目前仅次于木质建筑的房屋类型。从 2007 年开始，政府加大对当地种植业的宏观调控，使得茶叶种植在景迈山各个村寨逐渐变得规模化、产业化，茶叶产量逐渐增加，市场购买需求也逐渐增大，掌子不再满足村民的晾晒需求，专门的晒茶棚也由此出现。

第二阶段：2011～2012 年

这一时期，随着景迈山古茶林申遗工作的开始，从国家、云南省到普洱市政府都非常重视景迈山古村落文化景观的保护与发展工作。政府力量开始介入景迈山村民房屋建设的管理中，管理措施变得严格，不再允许村民盖砖瓦房，并且让已盖平顶房的人家改平顶为傣顶。

第三阶段：2013～2014 年

由于对传统建筑的保护与规划尚未形成成熟的方案，政府政策出现一些松动。面对村民们日渐高涨的建新房需求，政府也很难决断究竟是该阻止还是允许。于是在这个时期，又有很多钢混结构楼房修建起来。在这些楼房中，掌子被安置到了楼顶的平台上，或者干脆不存在了，房屋顶也不再是传统的傣顶。

从 2014 年开始，在对世界文化遗产保护更为全面、深入的认知推动下，普洱市政府做出决定，要求如笼蚌寨这样的申遗缓冲区的村民也不再允许自建砖房，必须按照统一样式修建带有傣顶的木质楼房。同时，从 2014 年开始，政府要求对原有的平顶砖房进行"穿衣戴帽"的改造，即加盖傣顶。由政府统一提供材料，木料和瓦片几乎都由政府提供，水泥等其他建材则由村民自行购买，整体建筑风格由政府统一规划设计，建房施工队也由政府统一指定。

第四阶段：2015 年以后

2015 年以后，村民建房的审批程序变得非常严格，不仅不能建盖住房，连修建晒茶棚也受到严格的限制。具体可参见 2015 年公布的《云南省澜沧拉祜族自治县景迈山保护条例》相关规定。

第二十二条规定："二级保护区内，除遵守本条例第二十一条规定外，还禁止下列行为：①擅自新建、改建、扩建建筑物及构筑物；②擅自架设通信、广播电视、电力等设施；③违规使用化肥、农药或者兽药添加剂。"

第二十三条规定："一级保护区内，除遵守本条例第二十二条规定外，还禁止下列行为：①开发房地产，建设度假村、疗养院等；②采砂、采石、取土；③在禁牧区放牧。"

（四）景迈山传统建筑的保护措施

1．制度措施

2007年，为保护景迈山古茶林资源、民族传统文化，澜沧县人民政府便发布了保护古茶林和古村落的决定，后期为了确保景迈山古茶林申遗各项工作的顺利推进和落实，市、县、村更是出台了一系列地方法规和规范：《芒景村保护利用古茶林公约》（2007）、《澜沧拉祜族自治县人大常委会关于保护景迈芒景古村落的决定》（2009）、《景迈村茶叶市场管理公约》（2012）、《澜沧拉祜族自治县民族民间传统文化保护条例》（2012）、《澜沧拉祜族自治县人大常委会关于景迈山保护的决定》（2013）、《云南省澜沧拉祜族自治县景迈山保护条例》（2015）、《关于进一步明确普洱景迈山古茶林申报世界文化遗产工作职责的通知》（2016）、《普洱市古茶树资源保护条例》（2017）、《中共普洱市委办公室普洱市人民政府办公室关于进一步加强景迈山古茶林和传统村落保护管理工作的通知》（2017）、《澜沧拉祜族自治县古茶树保护规定》（2017）、《澜沧拉祜族自治县古茶树保护条例》（2017）。

从保护条例的不断修订可以看出，对于景迈山保护的理念是一个不断发展、深化的过程。第一，保护对象从一开始的古茶林，渐渐延伸至民间传统文化（古建筑文化包含在传统文化之中），最后逐步定位于古茶林和古村落的保护。第二，景迈山的概念也在不断演变。从2013年《澜沧拉祜族自治县人大常委会关于景迈山保护的决定》中"景迈山是指自治县境内以景迈芒景山'千年万亩古茶林'和古村落为核心的山系总称，包括惠民镇旱谷坪片区、芒云片区、付腊片区和酒井乡、糯福乡相关片区"，到2015年《云南省澜沧拉祜族自治县景迈山保护条例》中"景迈山是指位于自治县惠民镇内以景迈村、芒景村为核心的山脉总称。景迈山保护和管理的区域（简称'景迈山保护区'）主要由景迈、芒景、旱谷坪、芒云、付腊5个片区组成，总面积为38661公顷"，可见，景迈山的概念和范围都在不断加强、清晰和完整。2017年，景迈山古茶林成为全国重点文物保护单位、全球重要农业文化遗产，进入中国世界文化遗产预备名单。第三，对景迈山的开发利用方略也在不断地发生变化。从一开始单纯对传统建筑物的保护，到对古村落依托的自然景观和生态环境的整体性保护，直至目前注重对多元产业的培育与发展，以期获得可持续发展动力，从而维护资源的区域整体性、文化代表性和地域特殊性。

2．管理体系

申报遗产区主要依托中国文物行政管理机制，与现行管理层级相结合，实行分级负责、属地管理。按照《保护世界文化与自然遗产公约》及其操作指南的要求，依据中华人民共和国有关法律规章开展保护管理工作（图7-1）。

采取分级负责原则，进一步明确领导和指导责任在市，规划和保护管理责任在县；落实市、县各级各部门职责，合力推进申报遗产区、古茶林、古茶树的保护管理工作。

由市级部门以市文体局（市申遗办）牵头，会同普洱景迈山古茶林保护管理局、市住房城乡建设局、市规划局、市财政局、市国土资源局、市档案局、市环境保护局、市交通运输局、市农业局、市林业局、市水务局、市教育局、市旅游发展委、市新闻出版广电

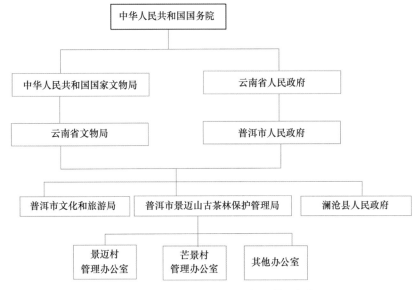

图 7-1　景迈山古茶林文化景观管理体系框架图

局、市公安消防支队等单位依据各自法定职责做好景迈山的保护和管理工作。

市申遗办工作职责有以下几项。

（1）负责市申遗领导小组日常工作，并组织做好遗产申报文本及保护管理规划编制等相关工作。

（2）负责协调联系工作，衔接好市级聘请的专家顾问团队。

（3）负责申报遗产区的文史资料征集、整理、展示和遗产监测等方案的审定工作。

（4）负责宣传报道、申遗简报、申遗网站维护工作。

（5）负责检查指导申遗资金的管理使用工作。

（6）负责督查申遗工作计划推进和落实情况。

县级部门为：澜沧县人民政府。主要负责以下几项工作。

（1）负责组织实施申报遗产区内传统村落保护、民居维修、消防安全、环境整治、基础设施建设及遗产监测等工作，并做好监测中心、管理中心、展示中心、档案中心的建设工作。

（2）负责拟定和完善申报遗产区相关保护管理规定。

（3）负责申报遗产区群众宣传教育和利益相关者的协调工作。

（4）负责申报遗产区日常巡查和执法督查工作。

另外，乡镇村一级单位配合相关工作，各个部门分管和落实相关具体工作。成立由市、县两级党委部门牵头，文体、规划、消防等部门组成的督查组，定期对景迈山古茶林特别是传统村落的保护管理工作进行专项督查，对不作为、慢作为、乱作为的现象进行严肃的问责。市、县两级要将保护管理工作纳入有关部门工作的年度绩效考核。

3．分级保护

据 2013 年《澜沧拉祜族自治县人大常委会关于景迈山保护的决定》规定，景迈山保护范围分为核心区和缓冲区。核心区保护范围是惠民镇景迈片区、芒景片区；缓冲区保护范围是惠民镇旱谷坪片区、付腊片区、芒云片区及酒井乡勐根片区、糯福乡勐宋片区。

据 2015 年《云南省澜沧拉祜族自治县景迈山保护条例》规定，景迈山保护区分三级：一级保护区为"千年万亩古茶林"、文物古迹和景迈大寨、糯岗寨、芒埂寨、勐本寨、老酒房寨、芒景上寨、芒景下寨、翁基寨、翁洼寨、芒洪寨 10 个传统村落；二级保护区为一级保护区以外、三级保护区以内的区域；三级保护区为景迈村和芒景村行政区域内的生产区和惠民镇的旱谷坪片区、芒云片区、付腊片区。

2014 年，云南省文物局审批通过并公布了《景迈芒景景区传统民居保护维修与传承手册》《景迈芒景景区民族村寨风貌保护与整治导则》，以指导传统民居建筑、传统村落环境的保护管理。2015 年启动了传统民居保护建筑的认定工作，景迈山传统村落中被认定为文物的传统民居建筑有 365 座、宗教建筑有 5 座。将景迈山古茶林按区域划分为遗产区与缓冲区。遗产区为重点保护范围，包括世居的 9 个布朗族、傣族自然村寨，对在古茶林内风貌保持较好的传统村落，如糯岗寨、翁基寨，进行整体保护；申遗缓冲区，则列为建设控制地带，有效地保护了古茶林的生长环境以及申报遗产区内传统文化景观。

根据景迈山传统民居建筑发展演变梳理出傣族、布朗族传统民居建筑的特征要素，根据其保存的情况将建筑风貌质量分为四级：一级（F1 类）为传统民居，二级（F2 类）为改造过民居，三级（F3 类）为新建协调民居，四级（F4 类）为新建不协调民居。不同级别的居民建筑采取不同的保护处理措施。传统民居保护建筑（一级）采用传统营建技艺，使用传统材料；具有干栏式民居的典型特征；具有典型的核心功能空间，建筑质量良好，能够体现当地传统建筑持续发展演进过程，认定为文物，受到《中华人民共和国文物保护法》《中华人民共和国文物保护法实施条例》严格保护。传统民居改造建筑（二级）应根据实际情况进行必要的修缮和整治，调整或去除不恰当的部分，使其符合当地传统木构建筑的特征和风貌；同时，允许对其进行适度的结构改造、装修，以满足居民对居住舒适性的要求。新建协调民居建筑（三级）是带有地方传统特色的现代民居，应根据实际情况进行必要的整治改造，使建筑外观在颜色、体量、材质等方面与村落传统风貌相协调，并鼓励和引导居民按照传统样式更新。新建不协调民居建筑（四级）是与传统风貌不协调的现代民居，应根据实际情况进行整体改造，必要时应鼓励和引导居民采用传统样式重建（白雷钢 等，2020）。

4. 分策保护

根据传统村落价值载体分类和不同的保护要求，予以分策保护（表 7-1）。

表 7-1　传统村落保护措施

寨名	保护措施			
	传统村落格局保护	传统建筑保护	基础设施改善及环境整治	文化遗迹保护
景迈大寨	控制村落建设规模，改变村落沿公路发展的趋势，严格保护神山、竜林、水源	开展村落建筑保护与整治更新，重点探索新建建筑整治更新方式及符合居民生产生活及遗产地保护要求的新建筑模式	改善基础设施，重点整治改善公路两侧环境	维护保养寨心；老佛寺实施修缮工程，新佛殿予以立面整治

续表

寨名	保护措施			
	传统村落格局保护	传统建筑保护	基础设施改善及环境整治	文化遗迹保护
芒埂寨	控制村落建设规模，逐步恢复寨心周边向心式格局，严格保护神山、竜林	实施村落建筑保护与整治更新，保护恢复寨心及周边9座传统农耕建筑，改造村落东侧沿公路建筑	改善基础设施，重点整治寨心、萨迪井及村口环境	维护寨心、佛寺、神树；修缮萨迪井和萨迪墓
勐本寨	控制村落建设规模，重点控制村落北侧和西侧建设；严格保护神山、竜林	实施村落环境整治工程，重点改造村落北侧和西侧生产类建筑	改善基础设施，重点整治村口及村落北侧、西侧环境	维护寨心、佛寺、神树（三棵树）
糯岗寨	完整保护村落格局；严格保护神山、竜林	实施村落建筑保护与整治工程，重点探索乡土建筑的有机更新和村寨的整体保护	改善基础设施，增加公共厕所、解决村落排水不畅，整治河道两侧景观	维护保养寨心，佛殿屋顶修缮和环境整治
芒景上寨、芒景下寨	控制村落建设规模，改变村落沿公路发展的趋势，严格保护神山、竜林	实施村落建筑保护与整治工程，重点改造公路两侧新建及改建建筑	改善基础设施，重点整治公主榕及寨心周边环境	维护保养寨心、公主泉及公主榕
芒洪寨	控制村落建设规模，严格保护神山、竜林	实施开展村落建筑保护与整治工程，重点改造公路两侧新建及改建建筑	改善基础设施，重点整治八角塔及寨心周边环境	维护保养寨心、八角塔，探索保护古茶树的有效途径
翁基寨	完整保护村落格局，严格控制村落南侧新建建筑；严格护神山、竜林	实施村落建筑保护与整治工程，重点探索乡土建筑的有机更新和村寨的整体保护	改善基础设施，增加消防设施，维护村落内外整体环境	维护保养佛寺、寨心、神树
翁洼寨	不再扩大村落建设规模，保护上寨、下寨寨心周边向心式格局	实施村落保护与整治工程，重点改造体量过大的茶厂和少量不协调的新建民居	改善村落基础设施，维修村内道路，对新寨建设造成的环境破坏进行景观、生态修复	维护保养寨心、神树

资料来源：国家文物局，2020. 普洱景迈山古茶林申遗文本［R］. 北京：国家文物局：268.

5. 经济扶持

国家、省及各级地方财政，根据申报遗产区日常管理工作的需要和保护规划的实施，每年下拨专项资金用于申遗的工作。"2014年、2015年、2018年国家文物局下拨文物保护专项资金用于遗产地保护规划、传统村落保护项目；市级财政在景迈古茶林申遗项目和遗产地保护管理已经投入2000多万元；澜沧县在水电基础设施改造、遗产保护、景区建设等项目中已投入3000多万元。在多项专项资金的支持下，景迈山古茶林的申遗工作、文化景观遗产保护工作正有序推进。为提升居民对传统民居建筑保护的积极性，尊重当地居民对生活质量的追求，对民居的修缮、重建采取资金补偿、指导施工的方式。不同级别、不同修缮方式采取的补偿措施和金额并不相同。例如，已完成重建且风貌与传统民居一致的，采取现金补偿的方式，由户主申请资金即可；已完成重建且风貌与传统民居有出入的居民，对外表进行"穿衣戴帽"的修复，所需材料费用由政府支付；未完成修缮的，由户主申请，政府聘请申遗专家进行风貌评估和原状复原的指导工作，修缮工作由政府组织施工及居民购买材料结合的方式进行"（白雷钢 等，2020）。

6．宣传教育

为普及对"千年万亩古茶林"遗产价值的认知，成立专门机构编制宣传材料，负责对公众与当地居民的政策宣传。县委常委实施分片挂钩遗产保护工作，有针对性地开展整治工作；澜沧拉祜族自治县森林公安局景迈山古茶林派出所设有专门警员对古茶林进行日常巡视和检查，澜沧县古茶林管理局设立宣传执法科进行材料编制和日常督查。在村寨级层面，政府派驻工作组对村民进行申遗工作的宣传教育，一是宣传国家政策，二是宣传申遗工作的部署，三是宣传传统文化，保持民族自信。截至 2020 年，已编印宣传手册、工作简报等宣传资料 3 万余份；设置大小宣传展板近百块；在电视台开设申遗专栏并播出 60 余期，制作专题片、宣传片 2 部；14 个传统村落全部开通广播，每天早晚各 1 小时滚动双语播放（汉语和民族语）宣传；多次开展文艺演出和体育活动。另外，申遗内容已纳入了县、乡、村干部党校培训课程之一，现已培训 4 期，共 1000 余人次。由县委常委分片区挂钩申报遗产区，有针对性地集中开展保护整治工作（白雷钢 等，2020）。

（五）全国重点文物保护单位与第二批传统村落保护试点与修缮措施

2014 年 4 月，住房和城乡建设部、文化部、国家文物局、财政部印发《关于切实加强中国传统村落保护的指导意见》（建村〔2014〕61 号），国家文物局召开传统村落整体保护利用工作会议，研究部署"全国重点文物保护单位、省级文物保护单位集中成片的传统村落"整体保护工作。全国重点文物保护单位"千年万亩古茶林"内的芒景村翁基组和景迈村糯岗组，属于第二批"中国传统村落"，同时也是国家文物局《国保省保集中成片传统村落整体保护利用工作实施方案》中的试点工程。

澜沧县人民政府办公室 2015 年 6 月 10 日发布的《景迈山古茶林翁基及糯岗村落保护整治组织实施方案》中有如下规定。

1．项目保护、修缮、整治内容

翁基寨保护整治工程有以下几项。

（1）翁基寨保护、修缮整治工程，包括约 79 户布朗族自住房屋保护、修缮、整治工程，庙宇等公共建筑修缮工程。

（2）翁基寨环境整治工程，包括翁基寨室外道路、绿化、给水排水等工程。

（3）翁基寨消防、防雷等工程。

糯岗寨保护整治工程有以下几项。

（1）糯岗寨民居保护、修缮、整治工程，包括 113 户傣族自住房屋保护、修缮、整治工程，佛塔等公共建筑保护、修缮工程等。

（2）糯岗寨保护性设施建设工程，包括糯岗寨室外道路、绿化、给排水等工程。

（3）糯岗寨消防、防雷等工程。

2．项目保护整治实施的原则

作为茶文化景观遗产、全球重要农业遗产、全国重点文物保护单位、中国传统村落、世界原生态自然茶树博物馆、"千年万亩古茶林"，在规划设计实施过程中必须严格遵守相关法律法规、国际公约、规范标准，按照规定程序组织保护、修缮、维护、整治工作。

（1）整体保护真实性原则。作为茶文化景观遗产，在整治、修缮实施过程必须保持世界文化遗产区范围内传统民居的"原真性"，应对申报遗产区内遗产构成要素进行整体保护。

（2）加强文物本体保护原则。作为全国重点文物保护单位，在传统民居保护修缮整治实施过程中，实行政府引导、村民自愿、技术经济支持、专家协助的原则，加强对文物本体的保护与修缮。

（3）统筹保护兼顾发展原则。作为中国传统村落，民居建筑保护整治强调的是坚持以保护为主，兼顾发展，尊重传统、活态发展和文化传承，符合实际、村民主体的原则，在传统资源得以保护的前提下使村落人居环境得以改善和提升。

（4）尊重少数民族民俗原则。按照相关法律法规精神，在村落保护整治过程中，不改变传统村落整体风貌前提下，尊重少数民族风俗习惯，不强行干预当地少数民族村民的生产生活方式，争取得到村民的理解和支持。

3.项目保护、修缮、整治的责任主体及工作组织

（1）项目保护、修缮、整治的责任主体。在国家、省、市等主管部门的监督支持、指导下，组建澜沧县景迈山古茶林村落整治项目领导小组，以澜沧县景迈山古茶林保护管理局作为该项目的法人主体，以项目法人名义开展工作，负责全面统筹、协调并组织各项工作，合理配置、优化项目相关人、财、物等资源，做好村落保护修缮整治计划、工作程序及验收标准制定、总结、联络、沟通和项目决策等工作，严格落实村落保护规划。

（2）项目保护修缮整治的工作组织。在领导小组的统一指挥下，协调县级财政、住建、规划、公安、国资、档案等相关部门共同参与。根据工作需要，在领导小组的统筹指挥领导下，下设4个工作组，包括领导小组办公室、社会事务项目组、村落整治工程项目、工程经济财务审计组，全面开展村落保护整治工作。

4.村落保护整治实施的方式

（1）民居建筑保护修缮方式。按照"政府引导，村民主体，民政共筹，社会监督，民房民建，依法实施"的原则，由领导小组聘请专家对当地工匠进行文物保护相关知识及地方少数民族传统建造技术工艺的培训，颁发民居修缮从业证，建立少数民族建造技术工匠库队伍。村民以户为单位，聘请工匠库中的工匠在专家和相关专业技术人员监督指导下，依照房屋修缮技术实施细则要求，对传统民居建筑进行维护和修缮；或由领导小组考察后，选择部分施工单位作为备选，供村民从中自主选择自有房屋整治修缮施工单位。在项目开工前，由领导小组聘请专家对施工单位拟派往该项目的管理人员及主要施工人员进行文物保护等相关知识和工艺的培训，只有取得培训合格证的人员方可进场指导或从事规定项目施工，并接受专家和相关专业人员的监督指导。

（2）村落环境整治方式。对村落环境整治投资达到招标要求的，委托招标代理机构采用招标的方式选择项目施工单位进行整治施工。在项目开工前，由领导小组聘请专家对施工单位拟派往本项目的管理人员及主要施工人员进行文物保护等相关知识、工艺培训，只有取得培训合格证的人员方可进场指导或从事规定项目施工，并接受专家和相关专业人员的监督指导。

5.村落保护整治的具体项目性质识别分类和整治内容

（1）民居保护修缮。按照项目保护整治目标要求、对项目现状进行全面调查，根据民居建筑风貌、保存质量等，将民居建筑划分为传统民居（F1类）、改造过民居（F2类）、新建协调民居（F3类）、新建不协调民居（F4类）四大类。各类民居情况如下。

传统民居（F1类）

① 建筑特征：主要指村寨中采用传统营建技艺，并且具有核心功能空间（如底层架空、二层火塘），传统建筑的形态没有改变，能够体现当地建筑传统的木结构民居。该类民居建筑作为乡土建筑文物保护的对象。

② 保护修缮工程内容：为保护乡土建筑遗文物价值的真实性、完整性，按照对民居建筑最小干预的原则进行修缮。在此类民居建筑修缮过程中，鼓励引导村民进行原状保护整修，若户主有改善居住条件的需求，必要时允许少量房屋抬高底层层高、适当调整建筑细部，同时为了兼顾改善村民居住的条件，在允许的范围内可以进行功能性提升改造，如增加厕所、淋浴、厨房、储藏室、开窗、隔音、防尘、地坪处理等。

改造过民居（F2类）

① 建筑特征：主要指在原有木结构传统民居建筑基础上做了一些适应性改造，如更换屋面部分瓦片为石棉瓦，更换檐口木质挡雨板为蓝色彩钢材质，底层架空空间的部分位置砌砖围合、掌子改为混凝土材料等。这些改造一定程度上改变了传统建筑的形态，但并不影响对于传统民居的理解及当地民居建筑持续发展演进过程文化价值的传递。

② 保护修缮工程内容：在此类民居建筑修缮过程中，保护措施主要为鼓励引导村民进行现状整修，按照传统民居建筑建造体系、原材料、原工艺等尽可能恢复其传统建筑的外观。必要时允许少量房屋抬高底层层高、适当调整建筑细部，同时为了兼顾改善村民居住的条件，在允许的范围内可以进行功能性提升改造，如增加厕所、淋浴、厨房、储藏室、开窗、隔音、防尘、地坪处理等。

新建协调民居（F3类）

① 建筑特征：主要指与传统民居建筑风貌相协调的新建民居，主要包括两种类型：第一种是当地部分新建民居仿照传统建筑修建，或采用部分建筑符号并与现代结构结合，该类建筑整体风貌与村落历史环境比较和谐；第二种是由政府主导的对新建民居进行整治改造，主要通过木板贴面调整外立面、改平屋为传统坡屋顶等方法改善其视觉效果，改造后建筑与传统村落环境基本协调。

② 建筑整治工程内容：此类建筑列入环境整治项目，主要针对建筑立面、屋顶形式及材料、外墙材料、门窗样式等进行改造。

新建不协调民居（F4类）

① 建筑特征：第一种情况主要指体量超大、高度超高的新建钢混结构、砖混结构建筑等；第二种情况指建在水源地、林地、主要景观视域等区域内，严重破坏生态环境、影响景观品质的建筑。

② 建筑整治工程内容：此类建筑第一种情况采取降层或风貌改造或拆除；第二种情况建议拆除或搬迁。在缩小体量或降层或风貌改造处理时，以设计单位出具的整治修缮技术实施细则为准。

（2）村落环境的整治工程。对于村落室外道路、绿化、给水排水及其他工程等，以设计单位出具的设计文件、实施细则技术方案要求为准。

（六）景迈山各村落的保护模式

在惠民镇对景迈山的旅游规划中，村落的景观打造是最为突出的。民居建筑改造升级，涉及 15 个村寨，对最核心的翁基寨、糯岗寨传统村落采取严禁现代建材进入的制度，其他几个传统村落按照因地制宜的原则重新规划。澜沧县还出台了相关政策，对所用木料、瓦片等建筑材料给予了相应的补助，确保景迈山传统村落文化遗产价值的真实性和完整性。

《澜沧县惠民乡旅游规划》（2014）对村落景观打造制定了以下强制性规定。第一，建筑材料。原则上全部采用木结构干栏式传统建筑（底层局部用石材）又称"木石干栏式结构建筑"。第二，民居建筑样式。《澜沧县惠民乡旅游规划》中要求，芒景村辖区的村寨要保持布朗族的传统建筑风格，景迈村辖区的村寨要保持傣族的传统建筑风格。例如，整体外观风貌需符合：层数及层高不超过二层；底层层高小于等于 3 米，二层层高大于等于 2.8 米。屋顶是传统傣式屋顶，底层架空或修建墙裙。第三，村落公共空间。村落公共空间围绕着危房改造、牛圈和猪圈的外迁、旅游空间的改造来进行。旅游村落主要是兴建停车场、样板房，重盖风雨亭等。（饶明勇 等，2016）

景迈山各村落因为发展速度不一，发展的侧重点也不同，所以对于传统建筑的保护也不一样。目前，我们看到的翁基寨和糯岗寨两个古村落是保存最为完好的两个地方，由此也形成了两种具有不同风格的保护和发展模式。

1．翁基寨模式：旅游发展的试点

近年来，翁基寨村民小组抓住普洱景迈山古茶林申遗、景迈普洱茶特色小镇打造、国家级民族特色村寨建设、第一批"国保省保集中成片传统村落地点工程"、第二批民族文化传承示范村建设等特色工程的契机，立足古茶资源和布朗族文化，打好"古茶"牌，讲好普洱茶故事，做强做大茶产业，带动经济发展，促进布朗族村寨的增收；加强古村落的保护，完善基础设施的建设，改善翁基寨布朗族村民的生活环境，提高生活质量；保护和传承优秀传统民族文化，开发民族文化旅游产业，推动翁基寨经济发展和繁荣，筑牢民族团结根基。2011 年翁基寨村民小组获得省级"中国最有魅力休闲乡村""云南 30 佳最具魅力村寨"的称号，2012 年获得"中国少数民族特色村寨"的称号，2013 年被列入第二批《中国传统村落名录》。

从 2013 年开始，为了促进当地旅游的发展，政府对翁基寨等几乎所有的布朗村寨都进行了建筑建设的管理（其中翁基寨最为严格），对村寨进行"风貌保护"的管理，要求保护村落格局及其构成要素，尤其是传统民居建筑群要参照传统干栏式建筑进行整治，与整体村庄景观协调一致。随着翁基寨等地区旅游产业的快速发展，当地政府意识到保护传统建筑可以带来红利，基层部门的管理者在工作中十分重视村民的

意愿，积极主动解决村民在修建住屋中的实际问题，最大限度地保护村落民族特色建筑的形态。

翁基寨作为旅游发展试点村庄，进行了很多保护措施的尝试。其中，卓有成效的是左靖团队的艺术介入乡村项目。

（1）"翁基小展馆"："乡土教材式"的展览。

左靖团队于2017年末共改造了4栋房子，其中一栋被命名为"翁基小展馆"（图7-2），成为展览当地文化和习俗的场地，将"今日翁基"定位为地方性知识的一个通俗的视听再现之地。通过展陈，让村民尤其是孩子们去了解自己村寨的历史、文化，从而实现教育的功能。这个展览将当地村民视为主要的潜在受众，通过文字、手绘插图、视频、照片、模型，以及实际的建筑和室内设计（通过展馆本身和其他改造过的房子体现），让村民从新的视角、空间和方式来观看和体验经由外来文化艺术工作人员阐释的当地人们的生活、工作和休闲活动。由于茶叶种植和加工是当地最主要的经济来源，对制茶工艺和茶林的介绍也是展览内容的重点。据了解，该展览很受当地村民欢迎，特别是那些以他们的民族文化为主题介绍村民的生产方式和当地节庆礼仪的展品，很多人会多次到展厅观看。

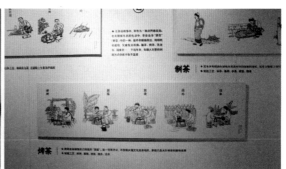

图 7-2　"翁基小展馆"
（Riane D 摄，2021）

（2）"景迈山计划"：客栈。

"景迈山计划"是左靖团队继在安徽的"碧山乡建"和贵州的"茅贡计划"之后进行的又一个乡村建设项目。近些年，随着景迈山地区农民家庭收入的不断增长和与外界交往的不断增多，使得他们的生活方式发生了巨大的改变，对居住空间也有了新的要求。其中，最为明显的就是，富有地方特色的传统木构民居建筑渐被遍布中国乡镇毫无特色的钢混结构或砖混结构住房取代。一些村民或拆掉老房子盖起现代风格的楼房，或离开原来的村寨在周边山上修建新房，而村寨里的老房子因长期无人居住而逐渐破落，富有民族特色的民居建筑和历史悠久的村落布局也渐渐消失。

在翁基寨的建筑空间改造方案中，左靖团队翻新了分散在这个古寨的六栋传统干栏式木结构民居建筑，在保持其原有结构并增强其美学特色的同时，将它们改造为具有当代性的公共或半公共空间，以达到对当地传统建筑的保护和活用。这些新改造过的房屋自然而然地成为"景迈山计划"中建筑设计、室内改造、空间利用的成果，是民居保护式改造的成功案例。据左靖介绍，他的团队在传统干栏式建筑的保暖、防水、防鼠、采光、隔音和卫生间的配置等方面进行了一些有益的探索，在保持并强化富有当地特色的建筑美感的同时，使里面的空间和设备更符合现代人起居的需要，希望这些探索能为当地村民在改造他们的房屋时提供参考。在左靖团队的构想中，"景迈山计划"整体上是以文化梳理为基础，以内容生产为核心，以服务当地为目的，它将是一个延伸到多个村庄的常年项目。图7-3为左靖团队打造的翁基寨客栈。

图 7-3　左靖团队打造的翁基寨客栈

（3）生长：城市场域里的"另一种设计"。

除了在翁基寨实施民居项目改造方案，左靖团队还积极地将有关景迈山的物质和非物质文化，以及团队工作的成果介绍给外面的世界，特别是城市文化圈，以增强城市与乡村之间的联系与互动，促进艺术参与乡村建设、地方营造的交流和讨论。"景迈山计划"项目先后参与了在深圳华·美术馆举办的"另一种设计"展览（图7-4）和在北京中华世纪坛举办的"中国艺术乡村建设展"。

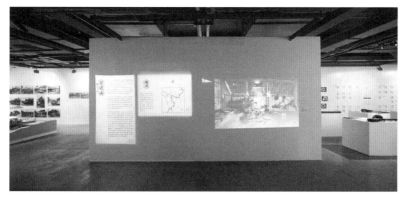

图 7-4　"另一种设计"景迈山项目在深圳华·美术馆
（朱锐摄，左靖工作室）

在"另一种设计"展览上,"景迈山计划"以另一种背景概况、日常、茶林、人与物、建造、作品、经济研究与包装设计和拾遗等单元,以绘本、摄影、视频、图解等视觉形式向城市观众全方位呈现景迈山地区的风物、历史、艺术与乡建成果。左靖团队呈现的景迈山不再是一个用来缅怀过去的标本,而是一个有着明确方向,并充满蓬勃生机的地方。他们希望"往乡村导入城市资源,向城市输出乡村价值",并指出艺术乡建的最终目的是寻找一种可持续的保护与发展模式,吸引村民参与,最后实现他们对项目的自主运营。图7-5为景迈山惠民镇展览外景。

图 7-5　景迈山惠民镇展览外景
（张鑫摄，左靖工作室）

2. 糯岗寨模式：遵循传统自然的发展模式

2013 年糯岗寨（糯干组）被列为具有重要保护价值的第二批《中国传统村落名录》,景迈山中翁基寨和糯岗寨是保存最为完好的古寨。

翁基寨已由政府打造为旅游景点,在古村落保存完好的同时,其旅游产业也初见成效。糯岗寨的旅游业刚刚起步,还处于摸索发展的状态。虽然,糯岗寨和翁基寨都是作为景迈山传统旅游村落进行打造,但在开发方案、步调及节奏上,两个村寨却有着明显的区别。第一,糯岗寨旅游开发的时间为 2013～2015 年,重点打造是从 2015 年开始,所以村寨的房屋形制几乎都没有从第三代过渡到第四代,仍然保留第三代民居建筑的形制,只是进行了一些修缮与材料的更新。翁基寨旅游开发时间在 2007～2008 年,比糯岗寨早了四五年,旅游和茶叶经济发展比糯岗寨都好一些。第二,据当地人说,糯岗寨的人性格相对来说较为保守一些,也更加重视传统文化。"糯干古寨做得很好的一点是,他们没有贸然去改变古寨的风貌。面对众多诱惑,他们始终谨慎认真地对待祖先们留下来的遗产。"（肖宗,2017）因此,糯岗寨的民居建筑还保留着较为古老、朴实的样貌,而并不像翁基寨那样，是经过改良后的房屋形制。第三，翁基寨为了配合旅游业的发展，村民盖了很多茶室和客栈，根据田野调查统计，翁基寨用作经营的茶室和客栈是整个景迈山最多的，几乎每一家一楼或二楼都作为茶室，由自己家的人或请专门的人进行管理。客栈也是一样，只要经济条件允许，家家户户都会经营，多则几十间，少则五六间。由于前来翁基寨的游客数量较多，所以客栈生意都还可以。糯岗寨的茶室很少，而且做得比较隐蔽，大多在自己住屋的一层，空间不大、装饰简单，没有专人经营，一般有人来买茶叶才会开门。据糯岗寨村民小组组长岩温胆说，"这是因为糯岗寨受老一代传统的影响，人如果闲待在家里，不如上山干活。老人们一般天刚亮就上山或去地里干活了，下午五六点才会回来。他们认为在茶室守着是无所事事的表现"①。糯岗寨的客栈数量也很少，除了有一家连锁民宿（阿爸阿妈客栈）以外，全村寨的人几乎没有开客栈的，也没有一家餐馆，一来是因为游客较少，二来是因为地太少，村寨里的人均居住面积也不富余。第四，由于糯岗寨房屋建盖得非常密集，对防火工作异常重视，在每户村民家门口，都能看到摆着一个白色的大水桶，里面装满水，用于消防灭火，这在翁基寨是没有的。从这里也可以看出，糯岗寨地少人多，人们对传统民居具有较高的保护意识。

相对于作为传统村落保护、旅游开发试点的翁基寨来说，糯岗寨政府的干预力度稍小，没有介入过多的外力，村民更愿意遵循传统，所以糯岗寨的管理多属于自治型，也更凸显了当地乡规民约的影响力。经济收益除了依靠茶叶种植、加工、销售以外，还依赖于农作物的种植。虽然糯岗寨是游客必到之地，但因为没有充足的旅游接待条件，游客往往不会停留太久，也正因为如此，村落的古朴风貌和氛围反而得到了很好的保护。

目前，糯岗寨村落发展与保护面临的一个棘手问题是，随着人口逐年的增多，新增的人口要划分到新寨去，新寨的土地是否能满足人口增长？新寨要如何规划？都是需要思考的问题。据岩温胆介绍，新寨是20世纪90年代左右开始规划的，人们陆续搬迁过去，一开始只要有空地都可以盖房，每家每户几乎都是在自家菜地里盖起的住房。2015年以后，建房管理加强，即使有空地建造住房也要提出申请，审批通过后方能盖新房。新寨建房在以前没有要求做成传统的木楼，于是盖起了许多砖房，造成了对传统民居建筑景观的一定影响。现在不能再盖砖房了，都必须盖成木楼。

3．其余村寨模式

相较于翁基寨和糯岗寨，其他村寨虽然近几年来建房管理很严，只能盖传统的木楼，但自茶叶经济快速发展以来，政策建房管理力度不一，导致不同时期的房屋建设并无统一的标准，出现了很多现代砖房，极大破坏了原生态村落的景观。目前想要重新规划、恢复原始村落的状态，难度非常大。尤其是景迈大寨、芒埂寨、勐本寨这些较早发展起来的村寨，砖房的数量很多，这些砖房大部分是在2007～2014年建盖的（图7-6）。

从田野访谈的情况来看，大部分村民，特别是年龄在40岁以下的人，都比较喜欢住砖房。政府政策一旦松动，村寨里马上就有人开始建砖房，屡禁不止，政府想出很多

①　访谈材料基于2020年1月对糯岗寨村民小组组长岩温胆的访谈。

图 7-6　村寨中大量的砖房建筑

办法引导村民回归传统，但无奈民意难违。政府最后只能采取折中的办法，规定位于主干道、有碍主要视线的砖房一律拆除重建。我们在景迈大寨主干道上路遇一家人正在拆除三楼，房屋主人说是政府让拆的，因为三楼遮挡了游客观看云海和森林的视线，必须拆除。景迈大寨的村民岩三永曾经修建了一栋 6 层钢混结构的小楼，刚起楼时他骄傲地向村寨里面的人宣布这栋楼 20 年都不会过时。可是没过几年，他就给自行拆除了。岩三永说："申遗非常好，以后我们傣族人民传统文化可以持续下去，可以给子孙后代留下这笔巨大的财富了，我拆这个房子算什么。"[1]

对于没有办法拆除、改建的砖房，唯一能做的便是尽可能给它们"穿衣戴帽"，使其外观像传统民居建筑一样。

三、景迈山传统建筑保护与发展中存在的问题与建议

（一）景迈山传统建筑保护与发展中存在的问题

由于景迈山各个村落传统建筑景观存在问题具有一定的共性，以下便不再分而述之。总体来说，翁基寨和糯岗寨保存最为完好，传统民居建筑数量较多，村落整体景观格局仍然保持原有的状貌。其余村落景观格局遭到一定程度的破坏，传统民居建筑比例较低，其面临的基本问题大致相同，主要有以下几种。第一，木质建筑因年久失修，造

---

[1]　访谈材料基于 2020 年 1 月 9 日对景迈大寨村民岩三永的田野访谈。

成木构件老化，房屋破损严重。质量较差的建筑多为按传统样式建造的木结构建筑，主要问题为主体结构歪闪、屋顶漏雨导致的构件糟朽，以及承重木构件的虫蛀现象严重。第二，村民生活方式发生一定改变，对居住环境和生活质量提出更高的要求，自建房对村落景观造成一定的影响。第三，随着茶叶、旅游经济的发展，晒茶棚、客栈等的建设，对传统民居建筑造成一定的影响。

1．传统民居建筑真实性风貌遭到破坏

（1）传统民居建筑结构及材料较为简单，其防火、抗震性不强，通风、隔音、采光性差，室内无分隔，无法满足现代化生活的需要。加之，部分建筑由于修建年代较早，出现老化的现象。居民自行修缮改建过程中，大部分方法不当，并引入大量非本地传统建筑的元素，如铝合金门窗、石棉瓦、彩钢板等，外观与材料和传统民居建筑形制极为不符，对古村落的整体建筑格局造成影响。

（2）随着茶叶经济、旅游业的发展，各村寨村民大量加建晒茶棚，将本是民居干栏式建筑一层空间改为营业场所，并在一些重要景观周围建设大体量的客栈、茶庄，对传统景观环境造成影响。

（3）掌子是传统民居建筑的重要组成部分，但目前掌子问题较为突出，主要表现在部分原来的木掌子被改为混凝土掌子，其造型粗陋，与传统木结构民居建筑的整体风貌极不协调。

（4）干栏式建筑的一层空间是传统民居建筑的重要组成部分，用于杂物堆放和牲畜饲养，为开敞状态，但目前有部分民居建筑的一层被包围密闭，改造为茶室或居住空间，对传统民居建筑风貌造成一定的影响。

2．景观整体规划相对欠缺

（1）景观绿化不足。景观绿化不足之处在于：第一，部分村落与林地交界地区逐渐被挤占，并堆放了大量生活垃圾。第二，村内建筑间距小，缺乏绿化。第三，村寨内有大量公共环境为硬化地面或裸露土地，整体环境给人感觉过于生硬，无法体现人与自然和谐交融的感觉，景观结构不突出。例如，寨心、社房、广场等重要场所都为硬质材料铺装，缺少绿色植物。村寨内小型空间脏、乱、差，多用于堆放杂物。第四，部分道路两旁缺乏绿化，或植物生长杂乱。此外村寨内裸露的土地、土坡对村落环境也造成一定的影响，流失的泥土导致村寨内尘土堆积和雨季道路泥泞。

（2）道路、边坡土地裸露。部分土路地段未做硬化处理，路面坑洼塌陷，不利于交通，雨季来临道路泥泞不堪；道路两旁的山体边坡土地裸露，既影响景观及生态环境，又存在安全隐患。

（3）基础设施有待完善。各村寨近年来基础设施得以全面覆盖，包括给水、排水、排污、电力、电信、环卫等方面，但基础设施还不够完善，尚不能完全满足村民生活的需求。另外，基础设施设备的安装、搭建，大多数不符合规范，出现管道私拉乱建、外露及损坏的问题，对传统村落风貌造成一定的影响，对周边环境也产生一定的破坏。

3．旅游开发定位不明晰的负面影响

由于对旅游市场定位尚不明晰，景迈山旅游目前还处于基础设施建设阶段，随之也产生了一些问题，不利于传统建筑的整体保护。第一，旅游管理条例、各项设施、管理人员都还不够完善，宣传也不不够到位。游客来了，乱扔垃圾、随意采摘茶叶、草药，对传统民风民俗不够尊重。第二，随着客栈的增多、排污量的增大，原有的排污系统无法满足现有村民生活的需要，使得污水、污物无法合理地排放，直接导致了生态环境的污染。第三，旅游开发和公共宣传并未对民俗事项、传统文化内涵与价值进行深度挖掘和阐释，缺乏旅游内涵的提升方向，很难让游客进一步了解景迈山文化的魅力，无法发挥传统文化的最大价值。第四，目前的旅游规划是将景迈山整体打包来制定旅游线路和产品的，因而导致出现一山多寨、景观同质化趋向，不利于突出景迈山旅游文化的差异性和多样性。

4．文化传承后继乏力，导致对传统建筑认同的削弱

原住民是村落文化的塑造者，村落的存在不仅依托于古村落的物质要素，更重要的是依托于村落的文化传承人——村民。文化遗产的传承主要是文化的代代相传，然而，村民文化传承意识淡化导致文化遗产逐渐衰落。例如，村民对村落历史文化认识的不足与传统文化制约力的削弱，反映在对传统建筑认同的减弱。再有，虽然村寨的年长村民大多数没有接受过系统的教育，但他们大多数通过进入佛寺学习佛教文化，对传统文化非常了解，对传统生活习俗的感情也很深，而景迈山的年轻一代本可以作为传统文化传承的主力军，但他们既不太愿意接受系统教育，也不愿意学习传统文化，导致传统文化传承后继乏力。

5．民众参与度不高

关于传统建筑的保护工作，通常主要由政府主导，村民服从管理。村民真正参与到村落的景观设计、景观改造中并不多，可以说，在景迈山传统建筑的保护过程中，村民大多是被动地接受政府的指令，而很少积极主动地参与，因此尚未形成自觉的传统建筑保护意识。

（二）日本传统建筑保护方法的借鉴

"他山之石，可以攻玉"，在谈到如何保护传统建筑时，我们可以借鉴其他国家、地区成功的保护方法。日本文化与中国文化有着非常相似相通的地方，在传统建筑文化保护方面，日本取得的成就无疑是令人瞩目的，值得我们深思与借鉴。

1．坚持传统建筑风格及生活方式

传统建筑风格及生活方式的坚持，可以使城市的传统风貌得以传承，这是日本保护传统建筑的一贯做法。在世界建筑发展的大潮中，日本建筑经历了全盘西化、帝冠式与和风样式的传统复兴等多种风格后，最终仍然回到日本民族深层文化中进行探究，从建筑与环境的对话、空间意象的把握和材料性能的理解等方面寻找传统和现代的契合点。在对话现代文化与传统文化、本民族文化与外来文化过程中，日本一直坚持实现"外缘"向"内核"的转化，始终将东方理念贯穿于设计作品中。

例如，世界著名企业麦当劳要在京都投资设店时，开始遭到了拒绝，原因是麦当劳带有红色的建筑标志与京都的古城风貌不一致，被认为"具有破坏性"。后来经过几年反复谈判，才达成妥协方案：把分店外表建成咖啡色，既不红也不黑，与京都整体的青灰色调基本一致。这说明日本既欢迎外来投资，但也绝不会牺牲古城的风貌。

2．颁布针对性强的法律

在日本新农村建设过程中，出台了至少30多部相关法律，且每部法律都有极强的针对性，使得日本新农村建设的方方面面都有法律可依。

3．采用活态传承方式保护

日本对传统建筑的保护是多方面的，也是不惜工本带有前瞻性的，除了静态保护方法以外，还十分注重活态的传承。例如，日本最神圣的神道教寺庙伊势神宫，每20年就会重建一次。

伊势神宫的内宫（皇大神宫）和外宫（丰受大神宫）保留着日本最古老的神社原型，以20年的周期"造替"重建，其盛大的迁宫仪式称作"式年迁宫"。这一传统可以追溯至公元685年，至2013年10月的第62次迁宫，已传承1300多年。伊势神宫的"式年迁宫"不仅保留了一种古老的宗教仪式和建筑样式，更使传统的建造技术活态传承至今。不仅建筑本身，"神明造"建造技术也得到了代代传承。为什么是20年为一周期？一是因为木制建筑的保存期限，二是因为建造技术人才培养及用材培育周期。这是一个设计周密、系统、便于代际传承的工程，可以将古老建筑模式永恒地保存下去。

在举行"式年迁宫"仪式时，将宗教信仰与建造技艺融合为一，更赋予了"神明造"技艺以重要性与神圣感，并鼓励信众广泛参与到仪式中来，以增强民众保护建筑的参与感。与此同时，伊势神宫还基于不同人群特征，激发他们的传承意识与行为。神宫工坊的师承式保护、崇敬团体的信仰式保护、当代游客的体验式保护，共同形成了活态保护传统建筑的极其自洽的文化阐释和社会组织逻辑。

4．以村民为主体的社区营造

日本乡村建设的成果是建立在当地居民的积极参与这一基石上的。从早期的政府主导、民众参与，逐渐发展为村民主导、政府协作、社会支持的组织方式，其中蕴含的"社区营造"理念在日本乡村的建设组织管理中逐渐成熟，是日本乡村建设的精髓。

社区营造强调通过唤醒居民对家乡的感情、激发大家的建设激情，大家作为一个邻里共同体，自下而上去努力营造一个可永续发展的社区生活共同体。在西村幸夫《再造魅力故乡》一书中，记录了很多日本社区民众重建魅力社区的案例。其中一个典型案例是"适合'狐狸娶亲'游行气氛的社区营造"，日本新潟县津川町自古以来就有狐火的传说，狐火是农作物丰收的标志，象征丰富的自然资源。"狐狸娶亲"的游行活动是由狐火传说、稻荷信仰、夜晚娶亲等混合在一起而来的习俗。1990年，该活动由地方商工会青年部组织，在这个地区得到复活。该活动为地区创造了浓厚热烈的气氛，引起了政府和相关人士的关注，并且形成了一整套复活方案，其中之一便是发展、创造本地特有的街屋和山川美景。

5．"造乡运动"

"造乡运动"通过全面保护、发掘民间传统文化，使本地居民作为参与者获得了家乡荣誉感，也从中找到精神的家园，减少了城镇化给乡土世界带来的冲击，保留了乡土文化所特有的艺术魅力与人文情怀。

"造乡运动"中，各地乡村挖掘富有地域特色的"人""文""地""产""景"五类资源，把它们转化为乡村持续发展的动力，将乡村营造成一个优美、自然、富有人情味的故乡。例如，宫崎清教授于1974年在三岛町发动的"生活工艺运动"。他带领村民把当地的手工编织技艺发扬光大，成为文化招牌，延续了三岛町独一无二的文化品质，同时提升了居民的生活质量。再如，著名的白川乡改造传统建筑为旅游观光地的"造乡运动"，使改造后的白川乡知名度大幅度提升，被联合国教科文组织认定为"世界文化遗产"，观光人数大幅度增长，促进了经济发展，加强了居民对本土文化的认同。

6．旅游与村庄规划、基础设施建设协调发展

为了发展观光旅游产业，村庄必须按照规定调整村庄的规划与基础设施建设。面临的问题是现代造型与当地传统风貌的不符。以白川乡为例，为了解决防火设施与当地风貌不符的问题，经过村民共同讨论决议，将水枪装入形似合掌建筑的外壳内，由村民管理和维护。水枪的造型既维持了传统村落的面貌，又成为著名景观。图7-7为白川乡合掌村检查水枪使用情况，图7-8为白川乡防火水枪。

图7-7　白川乡合掌村检查水枪使用情况　　　　图7-8　白川乡防火水枪
（资料来源：李皓，2020．日本白川乡传统村落保护路径与模式　（资料来源：李皓，2020．日本白川乡传
思考［J］．民艺，5（1）.）　　　　　　　　　统村落保护路径与模式思考［J］．民艺，
　　　　　　　　　　　　　　　　　　　　　　　　　　5（1）.）

在面临旅游过度化问题时，日本乡村的做法是建立一个当地生活与旅游产业发展的重要价值判断，而对其尺度的把握则需要由当地政府和乡民共同协商实现，以保障大多数人的利益，降低展示文化带来的弊端。

（三）传统建筑的保护思路与措施建议

1．传统建筑的真实性保护思路与措施

究竟什么是真实性？这是进行传统建筑保护的一个关键性问题。上文提到有研究者把真实性分为"历史上的真实""演进中的真实"和"妥协下的真实"三种状态。"'历史上的真实'，是指得到考古确认的科学真实；'演进中的真实'是指在'历史真实'的演进中增添了具有时代特征的新要素；'妥协下的真实'是指为满足遗产的社会功能

（如旅游）而在真实性问题上不得不做出的微局部的、非本质的、暂时性的、可恢复的妥协。"（徐嵩龄，2003）

那么，什么是非真实？非真实就是对核心文化遗产构成的破坏，其文化氛围、自然景观氛围与文化遗产的"历史真实性"不融洽。这里可以用"真实性三原则"对景迈山景观建设实施工程进行评价。其中，符合"历史上的真实"的有民居建筑、寺庙、历史遗迹等；符合"演进中的真实"的有山间的盘石路、村民搭建的晒茶棚；符合"妥协下的真实"的有小卖部、停车场等。其他工程设施，包括宾馆、垃圾处理场、污水处理设施等，是在真实性原则基础上的局部改良。

因此，在文化遗产管理与保护过程中，"应当坚决实施维护'历史上的真实'的行动，谨慎地选择具有'演进中的真实'的行动，严格控制'妥协下的真实'的行动"（徐嵩龄，2003）。

具体可以采取以下几种措施。

第一，古寨建筑原貌的保存。要做到外观一致，如建筑层数不要超过两层，建筑格局不宜超过传统民居的体量和尺度，新建民居建筑数量越少越好。文化空间尽量保持原样，如火塘空间、神柱空间的保持。第二，在修复过程中，对一些村民感觉不舒适的细部问题可以采用现代化技术进行改良，如住屋的隔音问题，漏雨、通风、采光等问题。第三，对一些现代化的场所和功能空间，可采取外部符合真实性、内部空间改良的方式。

总之，维护古村落的真实性并非单纯考虑其作为供人观赏的对象，生活于其中人们居住的舒适度也是很重要的，只有这样，才能让村民与传统民居之间的使用关系得以延续下去。

2．传统建筑的整体性保护思路与措施

对传统建筑的保护并不仅仅是对单体建筑物进行静态保护，而是要把建筑物放置在整个村落生态、景观、生产、文化、经济系统中去看待。"古村落文化遗产是一个完整的整体，既包括村落布局、衣食居行等物质文化层面的内容，也包括村民的生活方式、村规民约、民俗、民间文艺等口头和非物质文化层面的内容。它是在我国传统农耕社会制度下形成的具有鲜明农耕文化特色的文化空间。"（郑土有，2007）从以往的经验来看，"博物馆式"的保护、局部式保护，旅游过度开发都不利于文化遗产的保护。

（1）梳理文化遗产要素。在保护文化遗产过程中，应梳理庞杂的文化遗产要素，建立分层体系，从全局观出发，通过不同层面、不同工作环节明确工作的核心，继而建立"整体保护"要求的工作框架。

第一，需要在宏观层面认识文化遗产地，包括认识自然环境的地形地貌、气候环境，生物多样性与人文、文化多样性。需要理解人、茶、林、地共生系统下，传统建筑生成的自然、生态、文化逻辑。对此，可建立村落档案与日志，对生态、历史、生产等进行记录和观察，对产生变化的变量进行重点研究。

第二，从中观层面乡土聚落的构成要素来看，需弄清楚村落格局构成的要素——寨心、寨门、水源地／水塘、历史道路、民居建筑、宗教建筑（佛寺、佛塔）、遗存遗迹、古树名木与村落周边的自然环境——竜林、茶林、林地、耕地等各个要素之间的关系，

以及如何形成和谐一致的聚落景观。对这些要素之间的关系进行研究，对需要进行改动的部分，要通过严密论证后才能实施。

第三，从微观层面来看，需注意对文化遗产构成要素：建筑文化符号、建筑材料、空间构成、村落意象进行梳理和辨异。这些微观文化遗产构成要素需严格按照传统来设计。

（2）建立整体发展措施。地方的发展不仅是经济的发展，还应是人生命志向和生活方式的发展，最终要达到的不仅是生活的富足，还应是人生命的圆满、幸福感的提升，以及传统文化根脉的传承。以此为前提思考发展路径，就不能以短期获利牺牲长期的权益。

在此，对于景迈山的传统建筑保护我们提出以下几点改进思路。

第一，应注重产业的整体性协调与搭配。从当前来看，景迈山的产业过于依赖茶叶，较为单一，容易导致生产过剩、生态恶化、抗风险能力弱等问题。对此，有研究者提出，"可以采用第一产业和第二产业特别是第三产业联动发展的模式，如发展生态茶农业与乡村旅游结合，或是以茶与健康生活为主体，走休闲养生的发展道路，有效利用'白、蓝、绿、古、奇'，即白云、蓝天、绿林、古村和生物奇观的独特优势，稳住第一产业并在第三产业的带动下活化第一产业，实现发展"（张彩虹，2016）。发展多重产业链，完善产业结构，是解决发展之困境的有效路径。应重新对"农"概念进行认知与阐发。"纵观日本'乡村振兴'进路，农业、农村、农民观念的根本变革是其成功的关键。'农'从传统概念中解放出来——'农业'不只是培养动植物、提供食料的生产方式；'农地'不只是种植单一作物的生产场地；'农民'不只是长期从事农业生产的人；'农村'也不只是封闭的小农聚集区域。当代日本开始将'农'作为整体化'生命产业'加以考虑，成为一种生命志向与生活方式的命题。"（张颖，2020）日本对"农"的变革与整体性观念值得学习和借鉴，把昔日赖以谋生的产业当成"生命产业"加以思考。依托茶农业可开发生态观光旅游、游学活动、体验田园生活乐趣项目、茶叶种植、加工体验活动等。

第二，应注重村落的一体化发展模式。随着绿色旅游、生态博物馆、网络营销的迅速发展，可借鉴日本20世纪90年代的经验，"基本达成田园生态景观化、生产技术园艺化、农业劳作休闲化、农业产品艺术化的一体模式，打造出许多脍炙人口的乡土创意品牌"（张颖，2020）。在实践过程中，需先提出一个发展性的主题，继而围绕着该主题进行一体化模式建构，然后打造一系列周边产品，最终形成合围之势，打造"一村一面""一村一品"之景观。

3. 传统建筑的活态保护思路与措施

建筑的首要功能是使用功能，然后才是其他诸如审美、历史等功能。一种建筑一旦丧失使用功能，变成博物馆里的静态展览物，那也就意味着失去了生命力，无法延续下去。传统建筑应以更新与活态使用相结合的方式，提升其居住环境，延续民居建筑内居住的功能。《会安草案——亚洲最佳保护范例》（2005）指出，"具有针对性的活态保护模式亟待建立"（国家文物局，2007）。随着"活态保护"实践的不断拓展，我们认识到：任何一个单一要素的保护都不能称为真正的"活态保护"，而是要形成系统化机制，做到传承人和文化遗产空间的双重保护。

（1）传承人保护。传承人不仅指的是当地的工匠，广义上更应该是广大民众等。

第一，景迈山传统建筑技艺传承有赖于工匠稳定的技术水准，以师承式方式为保障。在这方面，政府已经建立少数民族建造技术工匠库队伍，村民以户为单位，聘请工匠库中的工匠，在专家和相关专业技术人员监督指导下，进行房屋修缮。除此以外，为了能形成稳定的工匠队伍，可通过让本地工匠承包传统建筑重建、翻修项目，政府发放一定补贴，让其有稳定的收入来源。同时，可通过建立传习基地、家庭作坊等形式进行传统建造技艺传授，积极招收徒弟。

第二，民众团体的信仰式保护。傣族、布朗族在建新房时都要举行建新房仪式，这是一个家庭最为重要的事件，举行仪式时要请佛寺的僧人、村寨里的安章等宗教人士前来参加。在仪式的各个阶段，都要念经、祭拜。当新房建立后，神柱是家庭中的祖先神，每天都要祭奉，外来人进入主人家也要同样祭拜神柱。如此，围绕着民居建筑便形成了一个牢不可破的民众信仰团体，围绕着民居建筑所形成的仪式成为景迈山少数民族村民一生中至少要参加一次的群体活动，为传统民居建筑的活态保护提供了物质基础及社会源动力。广泛的参与性能强化民众与传统建筑的联系。建新房仪式、祭寨心仪式、佛寺中宗教活动，都吸引了越来越多各界民众的参与。其庄严神圣的仪式感让久居城市的人找到了生命的意义，民众的广泛参与可以强化认同感，激发了民众的传承意识。

第三，当代游客的体验式保护。《国际文化旅游宪章》指出，"旅游作为文化交流最重要的工具之一，正日益成为自然和文化保护的积极力量"（国家文物局，2007）。在景迈山旅游项目中，可以以建新房仪式作为契机，创造丰富的民族文化体验。通过建立建造技艺及老建筑构件展示博物馆，结合数字化技术，动态展示传统民居建房、修缮的过程，使游客身临其境地体验传统民居建筑的细节所在，激发游客对景迈山传统文化的认同，为文化传承和传统建筑的活态保护提供了良好的空间。

（2）文化遗产空间保护与转化。

第一，应延续传统的生活习俗并保存传统的文化遗产空间。例如，为了迎合游客的"原生态"的想象，若把晒茶棚全部集中于新寨或山下，这样反而会破坏了原有村落的生活方式，不利于传统生活方式的保持和发展。

第二，注重文化遗产空间的转化。在国外，将功能过时的建筑，如火车站、仓库或车间进行改造利用的设计屡见不鲜，也有许多成功的范例。欧洲最古老的四座煤气塔就被改造为高层住宅，既保留了其纪念性建筑物，又提供了现代功能。结合景迈山的物质文化与非物质文化资源，在尽量保持传统原貌的基础上，可以按照每个村寨的不同特点，将文化遗产空间进行适度的改变，如建立民族工艺品制作工作室和展示厅、民族文化博物馆＋文化交流中心、艺术家基地、土特产商品经营店＋超市便利店、茶叶售卖＋茶室体验＋茶叶制作＋观景集一体的茶体验休闲馆、民俗活动场所、民族服饰制作＋摄影馆、民建歌舞表演舞台、民族风味餐厅等，一方面可以扩展景迈山的经济和文化形态，另一方面也增加和充实传统建筑的用途。

4．建立生态循环保护的路径

当地村民表示，其实并不是不愿意继续住在传统民居建筑中，而是建房的木材很贵，而且周边森林中的树木不允许砍伐，木材需要从外地购买，使得建房成本大大提高。另外，传统民居建筑的不隔音、采光和通风差、卫生不便等问题也影响着年轻一代对它的接受。

面对建房木材缺乏的问题，可借鉴日本的"森林保育计划"，其中《木结构遗产保护准则》指出，"应大力鼓励建立和维护可为历史木结构遗产保护和维修提供合适木材的森林保护区"（国家文物局，2007）。日本每20年举行的伊势神宫迁宫仪式都会需要大量的木材，这些木材来源于神宫周围的用材林，以及其他地区的木材保育地区，原材储备空间为传统建筑的活态传承提供了重要的物质基础。对此，景迈山也可以建立自己的森林保育区域，定期种植树木，对有建房需求的家庭进行严格的审批，并使之排队等候。循环使用木材，代代相传，便能很好地解决木材匮乏和材料价格昂贵的问题。当然这个做法需要当地政府、村寨及家家户户乃至外界人士的全力配合。

针对传统民居建筑居住不舒适的问题，可采用现代技术、材料等手段加以改善，在不改变传统民居建筑外观的情况下，对里面的功能设施可以进一步改进和完善，以适应现代化的生活需求。实际上，这样的工作已经在翁基寨展开了。

5．落实各项资金的支持与投入

景迈山建筑文化遗产的保护与发展离不开资金的支持与投入，建议相关部门加快资金支付流程，提高资金使用效益，争取各级政府对景迈山古茶林申遗项目的专项经费支持。

6．深化"文化自觉"理念，培养文化"自珍"意识

费孝通先生曾提倡"文化自觉"理念，值得我们每一个人深思。今天，许多场合我们都在谈文化保护，希望借助外力（政府、外来资本、各个行业）来进行保护工作，但所有的外来力量都不如从文化所在地的民众自觉生发的力量更为震撼和持久。上文提到左靖团队所做的一系列文化建筑项目，虽然起到一定对传统文化的推动作用，但是否真正对景迈山村民的民计民生产生积极的作用？作用有多大？其项目的持久性，都是值得进一步思考与关注的。

"文化自觉"理念需要灌输到每个人内心深处。"文化自觉就是生活在某种文化之中的人们的自知之明，目的就是争取文化发展的自决权和自主权。"（费孝通，2002）在景迈山古茶林申遗背景下，景迈山各民族的文化的自豪感越来越强烈，保护本民族文化的观念也逐渐建立。所以，使"文化自觉"内化到每个景迈山人的内心深处，形成一种习惯，是传统文化传承的根本。

"文化自觉'就是要对本民族文化有'自知之明'，明白它的来历、形成的过程。"（费孝通，2003）因此，应尽可能挖掘、整理和传播景迈山传统文化，先让传统文化得以保存，再集中进行阐释，发掘其中的精华。让当地人，尤其是年轻人学习和感受到传统文化的精髓，真正从内心产生文化认同和自信。

正因为目前"文化自觉"理念尚未完全建立，各村寨村民对本民族文化了解得不够深入，导致产生"自鄙"心态。村民存在的"自鄙"心态是古村落文化遗产消亡的根本原因，克服村民文化的"自鄙"心理，实际上也就是树立村民的文化"自珍"意识。

首先，各级政府要转变观念，不能以牺牲文化来为经济建设服务。其次，应长期加强对古村落文化遗产的研究工作。对文化遗产进行梳理、总结，取其精华弃其糟粕，发掘文化遗产的价值。让村民意识到传统文化的价值所在，才能实现从"自鄙"到"自珍"。最后，加大宣传，通过各种途径，提高村民对文化遗产的认识，形成村民自觉保护文化遗产的意识。

7．充分发挥政府的主导作用，吸纳多方金融资本参与共建

要充分发挥政府的主导作用，在全面了解地区的自然生态环境、文化资源、经济发展状况的基础上，形成对传统建筑保护与发展的合理规划。在财政方面，政府应给予大力支持，积极引导金融资本到贫困地区发展乡村旅游。

同时，可由政府牵头，出台相关政策，提供支持经费，多途径吸纳各方金融资本参与到文化遗产的保护工作中来。具体措施如下所述。

（1）吸引外界人士的参与式保护。在日本伊势神宫的保护中，广泛的参与性强化了伊势市民与神宫的联系。通过吸引民众参与到神宫的祭祀活动中来，强化了民众的认同感，激发了市民的传承意识。景迈山也可以借鉴其经验，通过吸引外界人士参与到众多的仪式性活动中来。

（2）吸引学者、专业人士的参与保护。一般而言，学者的研究理论很难实现转化。但日本的经验告诉我们，学者的研究成果最终还是要为改善社会而用，可通过搭建平台、团队或工作室的方式，让学术研究充分参与乡土建筑的规划中。同时，在培养建筑专业人才时，应着重提升建筑师哲学、美学、人类学、民族学等多学科方面的素养。此外，应努力谋求政府各个部门，如规划、旅游、生态管理、住建等部门的协同合作。还可以以基金或合作方式组织民间力量（非政府组织、非营利组织、各企业、地方公共团体等）共同来做好传统村落的保护和利用工作。

8．坚持"以人为本"的思想宗旨与措施

自古以来，安居乐业便是永恒的民生主题。一切景观建设的最终目的是人的乐居、高质量的活着。因此，应始终以"人"作为蓝本，不能因为短暂利益有所偏离，应忠实于当地人的文化，不作猜想、妄想，认真学习，虚心接受，不以外部人的主观观念强加于其上。针对官方、学者、媒体所建立的建筑文化符号体系与本地文化不太一致的问题，打破以往已建立的固有、陈旧的符号体系，认真调研当地人的民俗生活，掌握当地传统建筑符号的丰富内涵和意蕴，脱离平面化思考。

坚持"以人为本"的思想宗旨，应做到以下几点。

（1）注重对民俗生活的了解和掌握。民俗生活中的方方面面：吃、穿、行、卧等，都会对当地民居建筑形式产生影响。必须对民俗了如指掌，才能设计出符合当地村民生活习惯的住所。

（2）坚持以村民的观点来看待本土景观。不论是理论的阐释，还是建筑设计，都需充分尊重当地村民的意见，了解他们真正的需求。可定期举行村民听证会，对传统建筑保护、修缮、改造方案进行讨论，采取投票等方式进行表决。

9．艺术介入乡建的思路与措施

近几年来，艺术介入乡建是一个热门话题，成为乡村振兴的一条有效思路。正如中国艺术人类学会会长方李莉教授所言："乡村振兴不仅关乎中国乡村的保护与重建，还

关乎中国未来发展如何找到一个文化和经济的新增长点的问题，甚至关乎中国未来发展之路如何前进。"（方李莉，2019a）

景迈山丰富的少数民族艺术资源，为艺术乡建提供了肥沃的土壤。"成功的乡村建设大多是深刻了解当地村民的需求，并能与当地村庄的历史和人文融为一体的艺术劳动。不成功的乡村建设往往是脱离乡村的实际情况，不了解村民的需求，只专注于自己的艺术追求。"（方李莉，2019b）

毕业于英国伦敦大学亚非学院的缪云博士，现任职于大理大学民族文化研究所，长期致力于人类学的研究，2019年她承担了一个非政府组织项目，项目主旨是用戏剧的方式收集景迈山茶山的故事。项目包括三个主要内容：①民众戏剧＋皮影戏；②采茶包及茶山地图等与茶相关的产品；③西双版纳游学。邀请了涵盖戏剧、音乐、陶艺、绘画、生态、建筑与人类学等专业的学者一起到景迈山，用各自不同的学科视角收集茶山的故事，并召集了一批景迈山各村寨青少年前来参与，在戏剧人的带领下，学习用戏剧的方式舒展身体，把自己与茶山的故事用戏剧的方式呈现出来。最终，在景迈上寨帕哎冷寺舞台用皮影戏进行了表演，获得了村民的喜爱和认可。除此以外，缪云博士还为景迈山村民设计了一款采茶包，图案、款式、尺寸都是村民喜爱的样子，村民拿到包包样品以后都赞誉：很喜欢，很实用。

鉴于此，我们针对景迈山的实际情况，提出一些艺术乡建的措施。

（1）政府提供支持政策吸引艺术家、专家学者前来进行艺术创作与调查研究。以开发和发展景迈山艺术资源为核心，鼓励本村村民积极参加，形成艺术家、专家学者与村民共同设计作品，共同完成。

（2）乡土景观与地方物产设计创意振兴。把乡土景观事业和与之紧密配合的农特产品设计创意行动结合起来，开展"一村一品"运动，鼓励各个乡村纷纷挖掘创造本地区标志性产品或传统文化活动，如傣族的桑康节（泼水节）、布朗族新年的桑康节（茶祖节）、哈尼族的嘎汤帕节，老酒房寨的米酒、班改寨的稻米、南座寨的手工织品，争取做到"一村一品""一物一象"，打造脍炙人口的乡土物产品牌。

（3）打造地域艺术项目措施。不同于国家发起、地方主导的设计模式，"多主体共同参与"是地域艺术项目的典型特征。可由政府出资支持地方开展各种综合艺术项目，鼓励大学、科研机构研究人员带着前沿性科研成果参与其中，实现艺术与地域的共创共生。在艺术创造的过程中，可建立"去美术馆化"新艺术平台的构筑，直接用大地景观或特定场所为背景制作美术作品。

在创作艺术作品时，可运用了"去作品化""去景观化"的手法，使村民与艺术家共同定义艺术实践对乡村生活的意义。

文化景观遗产保护是20世纪90年代提出的一个新的概念。这一概念的提出反映了人类对文化遗产认识的发展和深化。近年来，对文化景观遗产的认识已经突破单体层面的文化遗产保护，而面向整体的环境保护以及非物质文化遗产保护层面的延续与发展。文化景观所体现出来的综合价值，在于其能够充分代表和反映所处文化区域所持有的文化要素的整体。人类与自然的相互关系和综合作用才是其价值的核心所在。因此，对于文化景观遗产的保护与发展是一项长期而综合性非常强的工作。

　　对此，国家文物局单霁翔教授指出："对于大多数文化景观遗产来说，它们往往既是一个应该整体保护的文化遗产资源，又是一个拥有相当规模的生产生活的社区，有些还是重要的公共休闲娱乐场所。因此，保护文化景观遗产的同时，必须注重保持相关地域的生活氛围和人文环境，应该关注与之相伴的生活群体，考虑他们的生存方式和生活态度，将他们作为文化景观遗产保护的重要因素和积极力量给予整体考虑。"（单霁翔，2010）

　　在今天，文化遗产的保护与发展被视为社会可持续发展的宝贵战略资源，也是保持民族特色、推动中华民族伟大复兴的战略选择。人们认识到，保持文化的多样性，保持文化景观遗产的真实性、完整性与连续性，首先是保护我们自己；其次，在全球化背景下，保持民族文化自信心，注重世代传承性和公众参与性；在新形势下，深刻理解文化景观遗产保护的理念，准确把握其发展趋势，通过开展文化景观遗产资源普查，了解其各个要素之间的联系，才能做好整体性的保护工作。

参 考 文 献

白雷钢，林永，苏志龙，2020．申遗背景下景迈山传统村落民居建筑保护研究［J］．现代园艺，43（13）：107-108．

崔芳芳，李靖，王登辉，等，2017．云南景迈山传统村落的保护与修缮［J］．林业调查规划，42（5）：115-116．

方李莉，2019a．艺术介入乡村建设读解［N］．中国文化报，2019-320（3）：1．

方李莉，2019b．艺术如何参与乡村建设［J］．群言，（4）：25．

费孝通，2002．民族生存与发展：在中国第六届社会学人类学高级研讨班开幕式上的即兴讲演［J］．西北民族研究，
　（1）：15-16．

费孝通，2003．我为什么主张"文化自觉"［J］．冶金政工研究，（6）：35．

国家文物局，2007．国际文化遗产保护文件选编［M］．北京：文物出版社．

国家文物局，2019．普洱景迈山古茶林申遗文本［R］．北京：国家文物局．

国家文物局，2020．普洱景迈山古茶林申遗文本［R］．北京：国家文物局．

汉宝德，2008．中国建筑文化讲座［M］．北京：生活·读书·新知三联书店．

何继龄，2010．传统人生礼仪仪式与古代个体品德培育研究［D］．兰州：西北师范大学．

黄鸣，1990．简明民族词典［M］．南宁：广西人民出版社．

克利福德·格尔兹，1999．文化的解释［M］．韩莉，译．南京：译林出版社．

联合国教育、科学与文化组织，2005．实施世界遗产公约的操作指南［R］．纽约：联合国教育、科学与文化组织．

刘晓程，何雪涓，2018．景迈山布朗族茶文化的形成历程与发展［J］．普洱学院学报，34（05）：56-58．

芦原义信，2006．街道的美学［M］．尹培桐，译．天津：百花文艺出版社．

皮埃尔·布迪厄，2012．实践感［M］．蒋梓骅，译．南京：译林出版社．

戚梦娜，余丽燕，2020．浅析浙南地区历史建筑的特点及价值［J］．山西建筑，46（04）：10．

齐丹卉，郭辉军，崔景云，等．2005．云南澜沧县景迈古茶园生态系统植物多样性评价［J］．生物多样性，（3）：221-
　231．

乔继堂，1990．中国人生礼俗大全［M］．天津：天津人民出版社．

饶明勇，何明，2016．普洱景迈山古茶园古村落文化多样性研究［M］．昆明：云南美术出版社．

单霁翔，2010．文化景观遗产保护的相关理论探索［J］．南方文物，（1）：2，9，10．

史靖源，史耀华，2017．国际"真实性"概念、内涵演进过程及其对我国建筑遗产保护的启示［J］．建筑师，（4）：118．

苏国文，2009．芒景布朗族与茶［M］．昆明：云南民族出版社．

邬东璠，庄优波，杨锐，2012．五台山文化景观遗产突出普遍价值及其保护探讨［J］．风景园林，（1）：74．

奚雪松，张宇芳，2014．美国文化景观遗产的认定方法及其对我国的启示［J］．国际城市规划，29（2）：80．

肖宗，2017．糯干：嵌在景迈山中的傣族风情千年古寨［J］．创造，（06）：106．

徐嵩龄，2003．中国的世界遗产管理之路：黄山模式评价及其更新（中）［J］．旅游学刊，（1）：47，48．

杨昌鸣，2004．东南亚与中国西南少数民族建筑文化探析［M］．天津：天津大学出版社．

杨大禹，2011．云南佛教建筑研究［M］．南京：东南大学出版社．

杨媚，2012．从"双重宗教"看西双版纳傣族社会的双重性：一项基于神话与仪式的宗教人类学考察［J］．云南民族大
　学学报（哲学社会科学版），29（04）：28．

袁西，2017．滇藏茶马古道景迈山片区景观格局及美学特征研究［D］．昆明：西南林业大学．

张彩虹，2016．申遗视角下普洱景迈山民族村寨之活化研究［J］．农村经济与科技，27（17）：237．

张成渝，谢凝高，2003．"真实性和完整性"原则与世界遗产保护［J］．北京大学学报（哲学社会科学版），（2）：62．

张梅芬，2019．中国文化特征及其与地理环境的关系研究：评《文化地理学》［J］．江西社会科学，39（3）：258．

张颖，2020．异质与共生：日本当代艺术乡建诸模式［J］．民族艺术，（3）：23，26．

赵瑛，2014．布朗族文化史［M］．昆明：云南民族出版社．

赵永勤，1984．"干栏文化"和云南古代的"干栏"式建筑［J］．云南民族学院学报，（3）：93．

郑土有，2007．"自鄙"、"自珍"与"自毁"：关于古村落文化遗产保护的思考［J］．云南社会科学，（2）：137．

钟敬文，2010．民俗学概论［M］．北京：高等教育出版社．

邹怡情，2015．有机演进的持续性文化景观保护策略：以云南普洱景迈山古茶林为例［J］．中国文化遗产，（2）：31-37．

Douglas，Mary，1991．The Idea of a Home：A Kind of Space［J］．Social Research，（5）：287．